把你的朋友圈用起来

张超 / 著

MAKE FULL USE
OF YOUR CIRCLES

图书在版编目（CIP）数据

把你的朋友圈用起来 / 张超著. —北京 ：北京联合出版公司，2015.4

ISBN 978-7-5502-4563-1

Ⅰ.①把… Ⅱ.①张… Ⅲ.①成功心理－通俗读物 Ⅳ.①B848.4-49

中国版本图书馆CIP数据核字（2015）第018387号

把你的朋友圈用起来

作　　者：张　超
责任编辑：昝亚会　徐秀琴
装帧设计：红杉林文化

北京联合出版公司出版
（北京市西城区德外大街83号楼9层　100088）
三河市祥达印刷包装有限公司印刷　新华书店经销
字数：120千字　635毫米×995毫米　1/16　印张：13
2015年4月第1版　2015年4月第1次印刷
ISBN：978-7-5502-4563-1
定价：32.80元

如发现图书质量问题，可联系调换。质量投诉电话：010-82069336

前言

先给你的朋友圈做个检测

朋友圈不仅指你微信上的朋友圈，还包括你全部的生活。可以说，朋友圈决定你的心态、能力和未来。

你的朋友圈有多大？质量有多高？你能调动朋友圈的多少资源？这三个问题至关重要。

重新审视你的朋友圈，你会从中发现自己的价值。

首先，朋友圈多大最合适？

朋友圈的大小没有标准答案，以微信朋友圈为例，你能控制多少人际关系是你的本事。如果你有本事搞定 65 万人自然是你能力超群，可是你有本事维护 10 个重要的关系也未尝不是你的策略。

这里要提醒的是，微信朋友圈看起来可以使我们积聚成百上千的朋友，但它作为一个产品，终究无法超越一些人际关系本身的传统特性。例如见面三分情，即人与人之间只有线下交流过，才感觉对方可靠。

与微信朋友圈不同，我们真正在线下互动的朋友圈仍然极小，这不仅受技术限制，也受人性限制。所以我个人建议朋友圈中人数不要超过 150 个。

牛津大学教授罗宾 · 邓巴提出了“邓巴数字”，即 150 定律，大意是：“我们的社交圈与十几万年前没什么区别，个体能够认识、信任，并在情感上依赖的人数不会超过 150 个。之所以是 150 个，是因为人的大脑容量有限，无法承载更多。”大约十年前，邓巴开始研究英国人寄圣诞贺卡的习惯。之所以用寄贺卡来衡量人们的社交关系，是因为送卡片是种投资：你必须知道对方地址，去买卡，得写上几句话，买邮票，然后寄出去。大多数人都不会愿意为无足轻重的人这样费心费力。结果发现了这样一个数字：以一个人寄出的全部卡片为例，所有收到贺卡的家庭的人口总和平均为 153.5 人，也就是 150 人左右。

其次，你的朋友圈质量有多高?

这是个看似无法量化的问题，但我们依然可以通过科学的方法来检查自己的朋友圈。比如定期检查你的朋友，做删除、更新、添加，一个星期、一个月、三个月或者六个月都可以是你检查的频率。

对自己的朋友圈进行审视还能够及时发现自己的问题。例如，你备注在“事业线”的“客户”的数量在一周内都没有更新，你就要提醒自己下周关注一些行业活动；如果一个月都没有变动，那么不论你手头的工作有多忙，都要赶紧主动参加一些聚会了；如果不小心三个月还没有变化，你必须采取紧急措施，立即自己发起活动，安排聚会。

再比如，你备注在“生活线”的“朋友”的数量三个月都没有删减，这并不能证明你的朋友圈质量高或者你和朋友的关系维持得很稳定，相反，你要审视自己是否到了该认识新朋友的时候了。

最后，你能调动朋友圈的多少资源？

这个问题与第二个问题相关，我们不妨讲一个例子：小宋的朋友圈中，“生活类”的“朋友”很稳定，基本都是大学同学，她把这其中的朋友当作最重要的朋友，数年没有更新、替换和变动。可是，他们真的是自己可调动的资源吗？

有一次与同学小李聚会时，小宋聊到要购房，只是首付不够。

说者无心，听者有意，小李顿时开始数落自己的老公炒股赔了不少钱、自己有多么难。单纯的小宋还一直劝慰小李要把夫妻感情放在第一位。

可是没过几天，一次偶然的机会，小宋和另一位同学小王聚会，小王聊起近期小李在微信朋友圈发了很多“炫富的日常生活照”，奇怪的是小宋并没有看到。她这才发现，小李利用微信“不让他（她）看我的朋友圈”的这个功能，单独屏蔽了自己，也才明白了一切：小李在防备自己向她借钱。

大学时期的感情是纯洁难忘的，但是不能太过执着。原来以为会做一辈子的好朋友，但现实总在不断地变化。既然人在变化与流动，朋友圈也必须保持相应积极的改变。我们不能苛求别人永远单纯不变，毕竟，我们自己也在变化中，不是吗？

对于年轻人来说，非但不能排斥这样的变化，反而要主动迎接变化。四十年前的人们可能一生只认识固定的一批人，而现在，人群四处流动，我们可能与曾经最亲近的朋友失去联系。一旦缺少面对面的交流，人与人的亲密程度每年都减少 15% 左右。可是，我们也看到了新的风景和新的人。在你新认识的能够面对面交流的人中，你有多强的能力增加亲密感、把他变成朋友，才是你要做的事。

总之，朋友圈的加加减减是必然的。虽然社交网络号称能解决这个问题，使我们想跟多少人对话就跟多少人对话，但是无论时代怎么变化，一个人只能拥有数量非常有限的朋友，因为亲密关系需要的情感和心理投资相当大，而我们拥有的情感资本和时间资本都是有限的。本书要解决的不是从技术上为你的朋友圈增加更多人的问题，而是如何与有限的人进行更高质量的互动。

本书所称的朋友圈也绝不仅仅局限在微信产品的朋友圈。互联网已经融入我们的生活，改变了我们彼此交往的方式，但互联网产品是层出不穷的，即便是微信这样的超级 APP，在将来依然有可能被新的产品所取代。本书坚信：人与人之间的微妙关系、利害关系、情感互动依然是一切交往的基础。

希望本书能给读者带来一些启发，对大家有所帮助!

目录
CONTENTS

上篇
关系不万能，
用起来才有力

中篇
抓得住对方
最隐秘的内心需求

下篇

一手炼品德，
一手炼手段

第六节　简单不等于失礼

第七节　把彼此放到快乐的生活里

第八节　蹲下去，才能跳起来

上篇 关系不万能，用起来才有力

第一节　设计你的朋友圈：精准有序

你先是谁，再成为谁

让我们再回到前言中的案例：

有一次与同学小李聚会时，小宋聊到要购房，只是首付不够。说者无心，听者有意，小李顿时开始数落自己的老公炒股赔了不少钱、自己有多么难。单纯的小宋还一直劝慰小李要把夫妻感情放在第一位。

可是没过几天，一次偶然的机会，小宋和另一位同学小王聚会，小王聊起近期小李在微信朋友圈发了很多“炫富的日常生活照”，奇怪的是小宋并没有看到。她这才发现，小李利用微信“不让他（她）看我的朋友圈”的这个功能，单独屏蔽了自己，也才明白了一切：小李在防备自己向她借钱。

这个故事不是在褒贬任何一个人，况且小宋自己在朋友圈的维护上也发生了一些问题。很多人把日常维护朋友圈看作一件麻烦的事，并用一些借口让自己继续懒惰。例如，小宋就是这样想的："小李是我的真朋友，所谓真朋友就是平时不怎么联系，一旦你有需要的时候，她一定会帮你！"

其实别人没有义务一直相信和支持一个渐行渐远的人，如果你不利用朋友圈的功能与朋友保持有节奏的互动，让对方了解你、信任你，纵然对方在你的朋友圈处于核心的重要位置，可你在对方那里已经不是如此了，对方当然会防备你随时有可能提出来的要求。尤其是小宋经常在朋友圈发一些"钱不够花"的抱怨和感叹！

你先是谁，才能成为谁，你先把自己塑造成谁，你在别人心中才是谁。

你都不经营现在的你，别人怎么知道现在的你是谁？尤其对于微信朋友圈来说，如果你保持每天发一次内容的频率，连起来看一周的内容，你在别人心中，就是你所发的内容了。

一个人必须对自己有要求，才能要求别人。

对于当代人来说，管理自己的形象、手机、情绪，都应该像早起刷牙一样自然。如果一个人的手机中，微信朋友圈的人数不少，但是缺乏有效管理，就一定会让朋友圈形同虚设，本来可以发挥巨大作用的朋友圈最后就会变成一盘散沙。

我们可以整理自己手机中杂乱的人名，进行认真的思考，然后花一点时间研究我们的手机，因为安卓和苹果系统对细节的设计不同，要根据自己的手机特点对朋友圈里的人进行备注。当然如果你操作够熟练，还可以按照自己的备注方式进行特别标注。

这样做的目的，就是让所有的朋友进入到手机的活力排序中。那么平时你就不会在人际关系的维持中失去头绪：突然看到谁发了内容，就热情地点赞、评论、交流，又因为刷不出他的内容，导致把他置之脑后，慢慢冷淡、遗忘。

按照不同的排序进行有效互动，必然不会导致对方认知与自我认知不一致了。

让你在乎的人知道你有多在乎他，让你感觉重要的客户知道他在你心中有多重要，让有可能帮助你的人了解你从而在未来能够帮到你……这样，你的朋友圈将价值百万。

设计朋友圈就是设计你的生活

设计你的朋友圈就是设计你当下的生活。大部分人的朋友圈都是分为两条线以便掌控关系。

一类是生活线，一类是事业线。

把哪条线列在首位，要看你近阶段对生活的设计，这将让你最节约自己的心力，去安排你的生活。

例如，是你的亲人对自己重要还是客户重要？

一般人都会说，当然是亲人比客户重要，亲人是陪伴自己一辈子的，客户只是当下的重要关系。

可我并不这么看，我认为这要看你近阶段的规划。

对于年轻人来说，如果近阶段的重要规划就是冲刺事业，那么在当陪伴客户和去机场接亲戚这两件事同时发生时，你该怎么选择？

我的建议是，你选择去陪伴客户，增加自己的业务量。而且不必对亲戚怀着愧疚感，因为当你自己发展得更强大的时候，你对亲戚的价值将比去机场接他更大！

所以，朋友圈中不同人的位置和不同人的互动，不但能体现你的价值观，还能体现你现阶段的重要任务。

那么，当你“生活线”和“事业线”定好之后，按照什么原则把你认识的所有人排序呢？

第一，按照紧密关系进行整理，将其并入“生活线”。先考虑和自己关系最亲近的人，没有亲近关系的人则不作为第一考虑。例如，在生活线中，可以包含亲人、老师、朋友和帮助过自己的人。

这里的排序可以根据个人情况灵活安排。例如，如果你现在正在上大学，那么老师是你能掌控和接触到的第一个重要的社会资源，他对你人生价值观的开启、对你生活影响的重要性要暂时性地排在兄弟姐妹前面。

第二，根据对你的帮助作用进行整理，将其并入“事业线”。与看起来厉害但对你不起任何作用的人相比，能为你带来事业帮助的人、能支持你的人更为重要，如投资方、下属、老板、重要客户、潜在客户、合作方、供应商，等等。

第三，考虑重点圈子，将其并入事业线。这里也包括你参加各类聚会时认识的关系不强的半陌生人，可以按照此人的行业、能力、财力、品格进行排序。

要注意的是，如果你从事互联网产品研发，可是朋友圈里出现了一个卖名牌手表的朋友，你不要想当然地以为这个人对你毫无价值。如果你想了解高端人群的消费习惯，对方也许有第一手资料。因为这类朋友是半陌生人，所以对每个人名都要深入思考之后再来判断位置。

线上互动摸规律，线下互动要高效

如果你在同一个行业工作了三年以上，现在要换工作，你可能不会通过招聘网站来找工作，而是通过熟人介绍，因为你已经不自觉地进入了一个圈子。朋友圈也能形成不同的圈子，一个处于事业上升期或者攀爬期的人会主动参与或组建圈子，因为朋友圈的人必须发生线上、线下的互动，推进关系。

人们渴望与他人互动，体现自己的影响力，但不得不承认，现实生活中的大部分人都非常被动、不互动，永远都是陌生人。正如这样的一句话："世界上有一半的人，手持鲜花在等待；世界上另一半的人，在等待那鲜花……"

如果你自己不动，朋友圈就会僵化。所以，我们应该在线上观察和判断对方，摸索规律，来决定如何互动。例如：

1. 发布一些大众谈论的话题以外的事情。

想想我们自己为什么要上朋友圈——因为我们想要在碎片化的时间里，最快地获取想要的信息，这也是我们对某个人产生黏性的重要依据。可是如果一个人只是发布所有人都知道的事情，例如"某明星被爆料出轨"，那么他发的大部分内容就是垃圾信息。

2. 推荐适合的内容给合适的人。

朋友圈可以做标签区别。比如，我们发现一个朋友总是转发一些别人的内容并且全是心灵鸡汤，你可以封他为"鸡汤王"，如果看到有关于心灵鸡汤的内容，你也可以推荐给他。

3. 在合适的时间发出你的消息、进行互动。

观察你的重要客户，如果他微信圈的更新总是固定在某一个时间，你就可以在这个时间成为第一个为他点赞或是与他互动的人。

4. 给不同行业的人发不同的问候。

5. 注意把握尺度，尽量不要发有“教育别人”感觉的内容。

6. 生活中的搞笑场景，会成为你微信内容中的亮点。

……

现在，我们约见一个人的时间成本越来越高，所以，朋友圈线下活动要掌握一个最重要的原则：高效。

1. 交通成本高的大城市，在一地约一人需要一下午，不如在附近约三批朋友依次见面，达到一点对多点。

还可以通过与圈子中的活跃者见面，以一传十，实现一点对多面的传播效果。

2. 在朋友圈备注好对方的行业、居住地、职位。如果去上海，要能迅速找到上海的朋友，还要能快速找到上海某一行业内的朋友，更能细分找出该行业内担任总经理助理职位的朋友。

3. 线下互动的关系无非是玩乐关系与有利关系。要学会从玩乐关系渗透到有利关系，例如，你约客户打高尔夫，在运动中建立的平等与好感，就会逐渐从玩乐渗透到合作中。

第二节　让关键的人看得到你

想方设法传播自己

叶茂中是一位知名的策划人。他在做广告初期，发现了一个问题，就是不知道客户在哪儿。

他的其他同事没有觉得这是个问题，因为没有客户，他们就会去找。例如，守在公司的电话旁边，一有电话打进来，就可能找到一个客户，还有一种方法就是出去联系业务，需要到各个公司去跑。

这两种方法都被叶茂中放弃了，他独辟蹊径地想到了一个获取客户资源的新办法，他觉得一家广告公司应该给自己打广告。他向领导汇报了这个想法。但是，公司并没有支持他。

他看公司不支持，还是没有放弃，就想到了写书。最妙的是，他写作的时候，经常会在书里留下一个联系方式。他解释道，这是为了更好地服务读者，读者看到某段文字时，无论认同还是不认同，都可以联系他，与他一起讨论、交流。

几经辗转，他的书《广告人手记》终于出版了。这本书上市后，叶茂中一举成名，而且，由于他特意在书上留下了自己的联系方式，一时间他的电话几乎被打爆。

他真的靠写书成名，用书做了最好的广告，也办了自己的公司。

他的这种方式几乎就是一劳永逸的，一个人一年能跑多少家企业？一个人一年要接多少电话才能找到几个有效的客户？他的方法让自己的书在全国范围内给他寻找客户，让打来的每一个电话都是为了他而来的，这就提高了成交的概率。

叶茂中独树一帜，以小博大的案例提醒我们，没有传播是不行的，你要运用自己的优势，做最有效的传播。

让自己成为一个价值洼地

在人际交往过程中，如果你展示给别人的形象是一个价值洼地，那么各种资源和财富，就会像潮水般涌过来。

有人可能觉得自己的工作不太好，会排斥别人询问“你做什么工作”这样的话题。其实，你可以认为这是一种打探，也可以把这个话题当作一种机会，比如，对于一名超市的服务人员来说，如果他觉得自己在这里卖东西，工作待遇很一般，回答这个问题的时候就会弱势；如果他换个想法："没有超市，别人去哪儿买东西？"他认可自己给别人生活带来的改变，承认自己的价值，回答时自然就能底气十足。

任何一个行业中都有佼佼者，不论你做什么工作，当你自信地说出自己的职业的时候，别人就会认为你做得好。尤其对于销售者来说，你为自己的工作感到骄傲的时候，别人不但会尊敬你，还会"顺便"认为你卖的产品也足够好。

小李是个很有朝气的年轻人，刚从事记者工作没多久，前些天一脸苦闷地与我聊起了自己的经历。

他和两位老师一起去外地出差采访，自己经验不丰富，两位老师就顺理成章没有给他发言的机会，接待他们的人也没有把他当回事。尤其是采访结束的时候，所有人聚在一起吃饭，有人居然让小李出去买烟。小李的情绪有些低落，觉得自己是不是不适合做记者。

其实，在这件事情上，并非是对方有意对小李"不客气"，而是小李并没有表现出自己的价值。

首先，小李应该对自己有要求，他主要的工作不是学习，而是在学习中工作。就拿拍照来说，一个成熟的记者当然不会用影楼摄影师的标准来要求自己，他不可以让被采访者摆好各种造型，而是需要自己主动地去发现，多花时间和精力去准备，去抓拍。

其次，小李在没有拍到合适照片的时候，应该主动和其他两位老师沟通，通过请教的方式，研究拍照的角度、光线以及时间安排，看如何通过及时的沟通，让自己拍到好的主题照片，完成属于自己的那部分工作。

最后，别人对小李的态度与小李表现出来的态度是有关系的。如果一个人像一个“跟班”，别人自然会把他当“跟班”来安排。如果他像一个“国王”，那么，也会遇到跟随自己的人。

对于资历尚浅的小李来说，让他表现出“国王”的气质，是很难的，但他至少不应该像“跟班”，要表现出自己在未来有成为“国王”的潜质。例如，他可以在两位老师的自我介绍之后，主动落落大方地介绍自己，也可以在称呼上表示自己是“记者小李”，让别人意识到此次采访他也是有任务和责任在身的。

这样，他的主动才会表现在恰当的地方，为自己增光，而不会被别人当作一个“服务者”。

我常常发现一些年轻的记者非常有才华，也非常有能力，只是在“势”这个方面弱了一些。我们当然应该知道自己距离最好的记者还有很大的差距，但是采访的时候，无论你自己多么年轻，资历如何尚浅，对待采访者，你要表现出你就是最好的媒体人，你要用最好的姿态去采访。

即使自己就职的单位式微，也要沉稳地报出自己的工作单位，显示出你个人的气势。对方如果没有听说过你的工作单位，也不必因此感觉不好意思。不要把别人的某一个眼神放在心上，而要把自己的单位当作值得骄傲的单位，把自己当作一个有影响力的人来展示。

做足马上要谈大事的准备

上大学的时候，我喜欢穿休闲装和运动装。

毕业后我的第一份工作要求最好穿正装，我一时没有改变这个习惯，也没有人批评我。当时我觉得只要工作出成绩，不必在乎穿什么。

有一次，领导突然要找人陪他一起去见一位老师，我当然觉得应该是派我去，因为以前我也曾经穿着不那么职业的衣服陪同领导见过一些当地的名人。

但是，领导却找了另一个同事一起去，而那位同事，在单位里任何时候都穿正装，随时就是一副准备开会的状态。

后来我了解到，这位老师虽然不是地方名人，但是在全国很多地区都有影响力，领导看他自然与众不同，所以他可能不需要下属有太多表现，他的要求也许仅仅是得体。

就因为这份得体，我没有符合他的要求，我表现再好，放松的休闲装也与场合不匹配，也容易变成一种失礼。

这件事给我上了一课，我记得那天晚上回家，我把西装找了出来，但还是不满意，后来冒着雨去买了一套值我几个月工资的名牌西装。

当时的状态虽然有点矫枉过正，但是后来，无论工作单位是否有要求，我在工作时间都尽量穿正装。

那件事对向来一帆风顺的我来说是个挫折，我甚至在休闲的时候也不穿过分松垮的衣服。我提醒自己，万一去某个地方看到了某个重要的人，这个形象是自己愿意展示给对方的吗？

在后来的工作中，我也发现，很多有成就的人，他们不但穿正装，而且对服装的细节都非常讲究，让人一看就有一种说不出的品质感。

我并不是提倡“金玉其外”，而是提醒大家，别人不了解你的时候，是从你对自我的看法来揣测你的价值，而你对自我的看法最先是从外表流露出来的。

第三节 组局者成大事

组局藏机会

常常听到一些人对我说："你组个局，我找时间参加。"其实，组局并不是一件轻松的事，有人觉得自己能参加别人组的局，是给了对方很大的面子。实际上，组局者所付出的心力远超其他人，主题、场地、邀请人、费用都需要拿捏好，甚至所有因素都确定好之后，还会有很多意外情况。

不同的人组局，决定了这个局的价值、格调、氛围不同。有的局，令人一看就知道这里面心机重重，目的性不明。也有的局，参加者所得到的益处远远超过这个组局者。

我有个忘年交吴先生，将近60岁的他是个富有的人，他的富有当然不是指他拥有的财富，而是指他拥有的心量和时间。他常常组局，如果遇到一个局很适合某个人，吴先生一定会真诚邀请。他是一个能忘记自己年纪和资历的人，不会觉得主动给别人打电话，或者多次提醒“忘性大”的人，会显得丢面子。久而久之，他的态度影响了大家，只要是他组局，大家不但都愿意来，而且如果有事不能来，还会主动提前告知缘由。

有一次，他组了个局，我觉得那个时间刚从外地出差回北京，时间有点赶，不是特别想去。但是，他给我打了两个电话，说一定让我过去。我当然要珍惜这份善意，最后答应了一定过去。

令我没想到的是，那一次聚会，我见到了一个很早就想拜访的企业家。而那位企业家，外人看他风光无限，殊不知那时候的他正处于人生低谷期。要知道，在他低谷的时候，心态就可能比较平和，这一定是我接近他的最好机会。

就当我与这位企业家开始聊天的时候，我看到了近处的吴先生。他的眼神中有亮光闪了一下，我明白了他劝我一定过来的苦心。

吴先生就是这样一个可爱的人，他为很多人做一些事情，从来不让人感觉有多强的目的性。他也从来不说自己对身边的人有多好，而总是力所能及地给人们一些帮助。久而久之，吴先生身边的人与他认识的一些不错的朋友，也成了不错的朋友。而我们谁都不会忘记，彼此是在吴先生组的局上认识的。

自嘲获得好机会

大学毕业后，我和一些关系不错的同学会定期约好回去见王老师。王老师德高望重，桃李满天下，常有学生拜访。

有一次大家去拜访他的时候，还有其他的学生在，中午的时候大家就一起去吃海鲜。

有个我们不太熟的南方朋友在吃饭时讲了个吃海鲜的故事，他说第一次吃海鲜的时候，有人端上来一盆水，他以为是喝的，竟然从中舀了一杯，喝了一口之后才发现，原来这盆水是用来洗手的。

听到这里，老师带头笑了起来，大家也都放松了心情，开始说说笑笑。

大家离开的时候，有个同学突然问我，那个不会吃海鲜的哥们儿的电话是多少，他要留一个。大家陆续都要到了他的电话。我这才发现，原来正是因为他讲了这么一个貌似笨拙的故事，反而给大家留下了深刻的印象。

当时这件事给了我一点小触动，因为对于我来说，闹笑话的事情，我不会在这样的场合说给陌生人听。但能说出来的人，是另有一套拉近人心的方法，他的内心处于放松的状态，这样别人就更有可能放松，也会觉得他真诚、坦率。

一次饭局，他给大家留下了深刻印象，大家都主动关注他是做什么工作的，在哪里发展。当知道他是在银行工作的，大家就更感兴趣了，有需要贷款的业务，大家多半会找他，而这个朋友则增加了业绩，两全其美。

可见，好的状态会帮助一个人在饭局上借别人组的局成自己的事，尤其是在一些没有什么功利性的局中，人们更愿意打开自己。此时，放松一些，展示自己具有优势的一面，是个不错的选择。

找到自己的位置

很多人对英若诚这个名字都不陌生，这位老艺术家先后主演了《骆驼祥子》《茶馆》《推销员之死》等经典名剧，他也是演员英达的父亲。

在《英若诚传》这本书里有这样一个片段：

“毛三爷”五六岁的时候，有一天中午吃饭前，他又想出了一件自认为“好玩”的事。他悄悄地藏到了饭厅内的壁橱里，暗想：一会儿大家吃饭，发现我不在场，一定会分头去找，等到大家因为找不到我着急上火的时候，我再跳出去，吓他们一跳！那该多有意思啊！他越想越觉得这事儿有趣，竟捂着嘴偷偷乐了起来。

躲在壁橱里的“毛三爷”还在想着如何“吓大家一跳”的事，饭厅里已经开饭了，而且大家一坐下就吃了起来。由于英家人口太多，根本没人发觉少了“毛三爷”，自然就不存在四处寻找他的问题。“毛三爷”设计的一场“好戏”落空了，他在失望的同时暗自郁闷为什么没人想到他！

“再等等吧，过一会儿肯定会有人发现桌上少了我的！”

一丝希望使“毛三爷”在壁橱里屏着呼吸，静听外面的动静。他盼望着有人发出惊呼：“小毛怎么不见了？大家快找找他吧。”

可是什么动静都没有，“毛三爷”有些急了：“怎么还没人想起我？”

大家的谈笑声和杯盘碰撞声传入壁橱内，刺激着“毛三爷”的听觉；饭菜的香味儿飘进壁橱内，刺激着“毛三爷”的嗅觉。他早已口干舌燥、饥肠辘辘，这时候，他巴不得悄悄地从壁橱里溜出去，坐在饭桌上，像大家一样吃着可口的饭菜。可是，那样会让自己很没面子的！自己的“计谋”没能得逞，再让大家奚落嘲笑，那该多难为情呀！“毛三爷”只好硬挺着了。

外面的饭桌上热热闹闹，自己却憋在壁橱里忍受饥饿的折磨，这种滋味着实不好受。“毛三爷”感到十分委屈：家里少了我居然都没人知道！你们只顾自己吃饭。

“毛三爷”在壁橱里一直等到饭厅里最后一个人离去，才灰溜溜地爬出壁橱，赶到饭桌前一看，只剩些残羹冷炙了……

这件小事对“毛三爷”的成长产生了很大影响。几十年后，他在回忆此事时曾说：“人不能总把自己看成重要角色，自我膨胀，孤芳自赏。知道自己并不那么重要，孩子的自尊心虽会受些伤害，但日后遇到挫折却能适应，对冷眼也不觉意外。”

这段话中的“毛三爷”就是英若诚，这个案例让我们明白，自己原来没有那么被人关注。

在饭局中更是如此，有个年轻人小罗曾经不明白这一点。

他是一个非常活跃的人，很多人总觉得有他在，饭局更有氛围，于是大家常常邀请他。被邀请多了，他慢慢觉得自己很重要，也认定自己是个不可或缺的人。后来，朋友找他聊了一件事情，他很奇怪自己不知情，朋友说了一句：“哦，对了，那次老大组了个局，你在外地出差没来，所以你完全不知道。”

这时小罗才明白，原来认为自己对于饭局气氛很重要，但其实不然，因为也可能有另外两种情况：第一，大家不太记得自己讲了什么玩笑，但都记得自己某日参加了谁组的局，因为人们更关心自己；第二，纵使自己不在场，氛围也许没有以前那么热闹，但是不热闹的氛围不一定不好，不活泼的氛围给大家提供了另一种好处：安静、舒心，便于谈妥一些事情。

以上两个案例都提醒我们不要太自我，要明白自己得更好地配合一种氛围和主题，把自己放到一个合适的位置，才是表现最好的人。

第四节　把自己移到对方的处境中

别给他人“道德压力”

我有位很少见面的大伯，亲戚们都说他在北京过着风光体面的生活。有的人说得绘声绘色，还给他杜撰了一些很传奇的经历。

有一次，我到了北京，去看望大伯，他家果然富丽堂皇，每一个细处都贵气逼人。后来，我回老家的时候，堂妹问起大伯的情况。

她说她从小就不喜欢大伯，觉得大伯在北京飞黄腾达，而自己的父母却没有分享到丝毫的好处，还要那么辛辛苦苦地劳碌，为什么亲人之间，没有温情和照顾。她还说，小时候就知道大伯家一个月的花费比她家一年的收入都多。

我没有批评她，而是引导她，问她现在的看法。

她想了想，说现在已经想通了，每个人都有自己的生活，大伯花费再多，也都是无可厚非的。一个人今天开的是奔驰，明天就想开劳斯莱斯，人都是这么不知足。

但她说“不知足”的时候还是有些不平之气。我仅仅问了一个问题，就让她陷入了沉默。我问她最希望大伯做些什么，能让她生活得更好？

她顿时语塞。

问题正是出在这里，大伯靠自己拥有了现在的生活品质，他不可能降低生活品质，来满足亲戚们对他的期待。他的圈子已经决定了他的生活品质不能再下降，谁不希望自己明年比今年过得更好？

我对堂妹说，不要总觉得我们一定需要他的帮助，尤其是在我们提不出究竟需要他做些什么的情况下，难道向大伯开口要钱？可是多少钱才够满足我们对生活的要求呢？

不要惦记不属于自己的财富，要学会规划自己的生活。

我接着问堂妹，她下一个月、下一年的目标是什么。

她说了自己的想法。

我说，你看，你的目标无论是关于财富还是关于自我成长，都只与自己有关，在大部分情况下，你也不会把不相干的亲人纳入你的生活规划中，因为一个人真正能掌握的事情只是自己。

对于大伯来说更是如此，他并不知道亲戚们的生活目标是什么，也就更谈不上怎么来帮助大家。他的生活安排，只能是规划自己，而不能替其他人的生活做计划，无论其他人是子女还是亲戚。

这件小事也从另一个角度提醒我们——无论多亲近的人，都要提醒自己不在别人规划的目标中，你不争取没人会主动为你铺路，只有自己才能为自己规划，也只有自己才知道如何做能让自己明年比今年收获得更多；无论拥有多强的人际关系，都无法要求别人替自己规划生活。你必须亲自规划自己的每一个目标，明确知道自己要到哪里去，才能够明确地要求别人给你某种具体的帮助。

移情避免“自以为聪明”

很多人都听过这样一个小故事：一只小猪、一只绵羊和一头乳牛，被关在同一个畜栏里。有一次，牧人捉住小猪，它大声号叫，猛烈地抗拒。绵羊和乳牛讨厌它的号叫，便说：“他捉我们的时候，我们并不大呼小叫。”小猪听了回答道：“捉你们和捉我完全是两回事，他捉你们，只是要你们的毛和乳汁，但是捉住我，却是要我的命呢。”

这个小故事形象地说明，只有换位思考才能懂得别人的感受。

人与人的交往同样如此，如果不能够移情到对方的处境中，就容易让对方误会。

小丁是个年轻人，在北京工作了很多年，终于攒了一笔钱，付了首付买了房子。

买了房子准备清包，于是请来装修的工人帮忙装房子。有装修经验的人都知道，装修是技术性很强的工作，施工是否认真，决定了以后的居住质量。

小丁对装修房子的人说：“我没有多少钱，是好不容易攒钱买的房子，师傅们得认真施工，不要造成用料浪费的情况。”

师傅们听了后都笑着点头不吭声。

小丁发现工人干活还是很让他操心，这段时间为了此事，甚至影响到了工作。

其实，装修的事情并不难处理，难的只是处理人与人之间的关系。

例如，别人在什么情况下最不敢糊弄你？只有当你具备专业知识的时候。拿装修来说，如果业主本身有一些专业的知识，或者做过一些了解，那工人自然就要听从安排。反之，如果不具备专业的知识，在某种程度上，就是业主花钱，而后却只能听工人的安排。

那么像小丁这种情况，因为工作忙碌，没有时间和精力了解相关的知识，就毫无办法了吗？学会移情，就能找到正确的说话之道。想想看，工人的需求是什么？从客观的角度去想，只要装修费到手，工人当然希望这个工程越省事越好。

小丁对工人说的话很难起到积极的作用。为什么呢？因为能在北京买房子，意味着他收入不低，别人不在乎这笔钱是如何积攒来的，也不关心赚钱的辛苦，装修工人再辛苦也买不起房子。小丁对装修工人说自己没什么钱，让工人节约用钱，工人当然不接受，他会觉得小丁又有钱又抠门又不实在，还自以为聪明，把别人当傻子。

那么应该怎么说呢？应该把自己移情到工人们的处境中，来说对自己有利的话，例如说："这套房子好好装，还有另一套房子要靠你们呢。"

这样，你究竟是否有钱一点都不重要，至少你会变成一个给他好处的人。

多学习别人的优点

最近拜访了一位多年未见的老师。

老师一看我，就说我变化不小。我想起这次见老师之前，一个月都在紧张工作，就笑笑说，现在忙的项目虽然凭借着丰富的经验，消耗的精力明显小了，但是自己身体状况也不如以往了。

老师笑了笑，说："你比以前的状态更好。"

这句话让我有点好奇，因为这位老师经历丰富，阅人无数，我想听听他的看法，于是就请教他。让我感到吃惊的是，老师居然记得我上一次见他的时候，都聊了哪些事情。

原来那时的我刚开始管理一个团队，内心有大干一场的干劲，总能很敏锐地发现下属的一些问题，也能一针见血地发现问题背后的根源。这样就让大家对我有隔膜，而我觉得自己没做错什么，还很理直气壮。见老师的时候，我难免流露了一些这方面的情绪。

当时和老师聊这些事情，老师只是聆听，并没有给予点拨。现在我才明白，他当时就明白了我的问题在哪里，只是他更知道，只有自己体会出来的道理才更有价值。

他说我这次的平和是发自内心的一种平静。

我自己也有感触，当初带人总是很心急，觉得为什么遇不到合适的人。遇到不懂如何做事的人，我教，但是我教了，总有人还是不按照我的方法去操作。当时我觉得没有上进心的人是不可原谅的。

人的生活是丰富的，不能用一个人对某件具体事情的态度来判断他的上进心，如果一个人对一件事有所松懈就被断定没有上进心，这个片面的断言不但会伤害他，也会伤害自己。

经历得越多，慢慢就越发现很多事情并不是我开始的时候判断的那样。例如，有个大学生小高，我提醒过他，男人做事情，要有做事的派头，要让自己的办公桌、电脑文件都井然有序，不要每次向他要文件的时候，都到处乱找一气。但小高总是改不了。我就觉得他是一个没有上进心的人。

后来别的部门需要用人，小高被调走了。他走的时候，找我吃饭和沟通，感谢我对他的提点，还询问我他有哪些做得不好的地方，希望我最后再给他指导一下，他这个劲头当时让我感到意外。一瞬间，似乎感觉自己对他有些不懂和误解。

果然，那一年年底的时候，小高成为进步最快的一名员工，并得到了表扬。

也许正是在这些小事的触动中，我自己也在改变。很多人说我对一些事变得妥协了，不像当初那么有魄力了。我想，当初的锐气并不等同于魄力，魄力是对事的，而不是对人的。

那一天，我对老师说，不是带的人变了，是自己的心放宽了，所以周围的一切都好了起来。遇到再大的事，只要心宽了，所有的事情都小了，每一分努力都用到了正点上，事业也顺了起来。

老师点点头，看得出他已经明白我终于懂得了这些。

于是，我更常常提醒自己——越懂人情的人，越懂得自己无法一眼就能把别人看透；越有智慧的人，越懂得不要轻易评判，要有意识地延迟自己的判断。

第五节　求人办事无心结

求己也要求人

很长一段时间内，常常能听到人们说起一句流行语——“求人不如求己”。

很多流行语都需要在特定情况下发挥作用，离开了一定的情境，有的流行语就容易被人们误解。

对于个人来说，发展自己是内因，扩展人际关系是外因，两方面缺一不可。

当然，在没有必要求人的情况下，要珍惜自己的声誉，不可透支自己的声誉。

我有位编剧朋友，一个老家的老人找到他，想请他通过当地民政部门为自己多争取一些补助。

朋友的公职在老家的民政部门中还是有影响力的，但他没有这么做，他仅仅是核对了事实，准确如实地帮老人写了材料，然后署上老人的名字，投寄了出去。

后来过了不久，老家的这位老人就得到了民政部门的慰问，并且补助也调高了。

类似这样的事情，自然是“求己不如求人”。

现在很多年轻人愿意“求己”，不愿意“求人”。有读者曾经问过我，是不是等到自己强大了，就可以不求人了？

其实不然，我们稍微留心就能发现，在现实世界中，越是有成就的人，越容易强调自己是靠别人的帮助走到了今天；越是弱者，自尊心越强，越不愿意开口求助于别人。

其实，谁都不是全面的人，很多专业化的事情，必须求别人来办，这和你有多高的成就没有必然的联系，这是每个人生活的一部分。

我们经常会注意到很多新闻，像一些大明星，他们是不是在名利不缺的情况下，就能“独善其身”了呢？这样的明星往往会因为缺乏社会影响力，而星光变弱。稍微留心就能发现，大明星也在牵头举办一些活动，也在求其他的明星来助阵，来共同放大一些事情，既成就了别人，也成就了自己。

做事业的年轻人，更需要整合资源，通力合作，求别人帮忙是路径，成就自己是目标。

求而不卑有气度

第一次见到老汪，我就对他留下了深刻的印象。

他的头发一根根往上竖着，而且说话时每一个字都咬得特别清楚，总会让人觉得他有点像某公司的高管。

其实，他在公司的工作类似于“救火员”，每当有一些小问题出现，老汪就负责去联系媒体，做“灭火工作”。

老汪私下也说，这个工作不容易，总是要去求人办事。

但是从他的外在气质来说，你感受不到人们通常说的“求人三分低”。相反，你总觉得他的态度是谦卑又执着的，是真诚的也是讲究个人自尊的，他让人不能忽视他的存在。

有一次和老汪聊起了他的工作，他说，如果总想着自己是去求人办事的，那么可能还没开口，在精神气质上就会被人排斥。反之，如果对人诚心诚意，又能做到不卑不亢，说话自然就会有底气。用老汪的话来说就是“我是求你办事，但是我也可以求别人，求你也是给你面子”。

求人办事前，一定要给自己做好心理按摩。很多年前，我也曾经有过这样的心理障碍，不愿意开口求别人办事。随着事业的发展，我才慢慢发现，求人办事并没有自己想的那么复杂，别人是否帮忙是别人的事情，你开口提出自己的想法，才是对自己负责。

特别要提醒大家的是，当你求别人办事遭到拒绝的时候，一定要正确地看待这件事情，别让自己有太重的心理负担。

第一，对方拒绝你，自有他的道理，在你看起来很简单的事情，对于他人来说，也许并不是那么轻而易举，要避免自己内心对他人产生怨恨。

第二，对方对事不对人，不要因为别人拒绝了你，就误以为自己在对方心里毫无分量，从而看轻了自己。记住，别人拒绝的是这件事，而不是拒绝和你的交往。

第三，不要以为一次拒绝后，以后再有事找他就更无机会，正常情况下，当一个人拒绝了自己熟悉的人看似还比较合理的要求，即使表面上不动声色，内心多多少少会有一些歉疚感，他下一次帮你的可能性依然存在。

调整好自己，对方自然也会调整好他的状态来配合你。

学会主动索取

有时候，我们过于强调付出的重要性，反而忘了在适当的时机要主动索取。

年轻人小潘工作的第一年干劲十足，第二年他的心情就有些郁闷，聊天的时候说他的老板对他的付出视而不见，他的工作量比别人多一倍，却还拿着同样的工资。

我提醒他，为什么不去和老板谈谈，把自己的需求提出来。

对于内向的小潘，我提议他通过一份述职报告，来提出自己的要求，索取公正的待遇。

其实，“索取”并不比“付出”容易，因为付出是你自己一个人的事，只要你想，就可以做到，但是索取却需要对方的配合才能实现，它更需要技术性。

此外，你提不出请求，只能被别人所支使。

很多人在刚参加工作的时候，总是容易被别人“支使”，替同事们做一些诸如“倒水”“收发快递”等琐碎的事情。久而久之，同事们习惯了，也不把你的好当回事。

有些文章在解答这类问题的时候，提醒年轻人要善于说“不”，这当然很有必要。

如果再深入思考一下，从实际情况来看，有时候说“不”，并不是那么容易的。尤其对于刚进入公司，尚没有安全感，并需要其他人帮助的年轻人来说，更不容易。

我个人觉得，并不是你永远不给别人添麻烦，别人就愿意接触你。对方是怎么受益的，就会继续按照这个逻辑去受益。例如，他们让你做一些本属于别人做的杂事，在受益后，请你帮忙的无非就是这些琐事。

我推荐的方法不是直接说“不”，而是提出你的要求，也“找点事情”请他帮你的忙。不用担心，当你有求于他的时候，他会思考“为什么这么多人你不去求，偏偏找到我”，稍微通些人情世故的人，马上就会发现，他不该总是让你帮忙打水，不该总是让你帮他订餐，不该总是让你帮他打印……

在适度的范围内，你的主动索取不会让任何人不快，而会让周围的人际关系既有节制又有序地发展。

第六节　无用之用：猜不到的未来之用

无用之用终有用

“无用之用”最早来源于《庄子·内篇·人间世》：

匠石之齐，至于曲辕，见栎社树。其大蔽数千牛，絜之百围，其高临山，十仞而后有枝，其可以舟者旁十数。观者如市，匠伯不顾，遂行不辍。弟子厌观之，走及匠石，曰：“自吾执斧斤以随夫子，未尝见材如此其美也。先生不肯视，行不辍，何邪？”曰：“已矣，勿言之矣！散木也。以为舟则沉，以为棺椁则速腐，以为器则速毁，以为门户则液樠，以为柱则蠹，是不材之木也。无所可用，故能若是之寿。”

……

山木，自寇也；膏火，自煎也。桂可食，故伐之；漆可用，故割之。人皆知有用之用，而莫知无用之用也。

我们从中可以看到，不能太执着、太单一地看待问题，无用之用正是让人们学会变换角度去看同一件事情，这样，眼光和心情就变了。

乔布斯上大学的时候，曾学习如何把字写得好看，让字体现出一种美感。练字对乔布斯的影响，通过苹果的产品体现了出来。

从小格局来看，学习练字有点浪费时间，但从大格局来看，做大事的人擅长学以致用。无用之用终有用——并不是书法无用，而是没有遇到会用它的人。一部普通的手机和一部苹果手机相比，除了功能区别外，苹果手机更符合人对美的追求，更能打动你。

再来给大家讲一个关于无用之用的案例。小卢原本是一名普通的员工，后来被调去了管理部门，这并不是靠找人说情，而是因为他从小练书法，并且十年未曾间断，一个偶然的机会，这件事情让小卢的领导知道了。

在领导眼中，十年的坚持，证明小卢是一个既有耐心又能坚持的人。

领导从此对小卢青眼有加，还把最需要耐心的管理工作交给他，以此锻炼他。果然，小卢做得很出色，打出了自己的一片天。

不要在你还没有预见未来的时候，就认为有的技能是无用的。如果你多学会的这项技能还能够体现自己的特质，这就是天然的、强硬的桥梁。

好运气偏爱“一专多能”的人

无论是人际交往还是个人事业发展，我们总能发现一些人的运气特别好，做事情的时候有如神助，做人也总是左右逢源。其实，每一种运气都来自于充足的准备，每件偶然的事件背后都有其必然的原因。

小秦原来只是公司的一名前台，后来不知道什么原因，受到领导的关注，不到一年的时间就迅速调岗，成了客服部的一名骨干分子。

很多同事都暗暗羡慕她的运气好，却没有人去想为什么好运气不能降临到自己头上。

原来，小秦本来常帮公司的一位领导订餐。有一次，领导收到一个大件的物品，也是小秦帮忙签收并送到办公室的，其实这是领导给自己的孩子买的礼物。

拆开包装的时候，领导随意问了一下小秦对礼物的意见。因为小秦学的是幼教专业，所以她回答得很专业。领导也发现了这一点，与她的对话就多了起来。后来，小秦居然成了领导的家庭咨询师。

在咨询家庭问题的时候，领导发现小秦不但对于孩子的心理把握得非常好，而且非常善于分析问题的成因，也善于处理一些棘手的问题。

后来，机会就这么到了，小秦也把握住了，换了更适合她发展的岗位，工资也翻了两倍。

这个案例提醒我们：普通人看结果，智慧的人找原因。大事情的成功需要很多原因，例如，要具备以下三个条件：第一要提前准备多个方案，第二要准备好充足的时间，第三要找到合适的人去完成。

生活总是会给人一些考验，有时候碍于客观条件我们只能具备两个，有时候只能具备一个，但是想完成这件事，不能坐等机会，而要时时刻刻去精心地为这三个条件做准备。

独立判断是否有用

先来给大家讲一个案例。

我有位远亲表哥，大家都认为他是个“不安分”的人。表哥家境一般，但人很聪明，考上大学却没有读，认准了自己要做生意。

表哥刚开始做生意时，起起伏伏，但是无论遇到什么状况，他总是派头十足，不见颓废的神色。

有一次他来我家办事，也是一副春风满面的样子，我都没感觉他像是一个需要帮助的人。

他是我认识的人中第一个使用“大哥大”的。那时候的“大哥大”价格昂贵，比他有钱的亲戚们还在犹豫是否要买的时候，他已经很神气地使用了。

接下来，表哥又成为了第一个学会开车的人，等他的生意赚了一笔钱之后，第一件事就是买车。

面对他的这种花费，大部分人都不赞同，都认为在他事业还没有彻底做起来的时候，不该这么奢侈浪费，随心所欲地乱花钱。

我在很久以前，听到的总是人们说表哥“这样下去，肯定不行”，观察到的却是“至少他从来没有向别人借钱”。因此我就有了这样的一个疑问——为什么在很多人眼中“不安分”“乱花钱”的表哥，却从来看不到他真的就“穷”了呢？反而总是能走在最前端，成了风向标，很多先进、昂贵的东西都是在他买过之后，别人才敢跟着买。

我那时候才思考到，看似不靠谱的消费并没有给他带来任何损失，他心里“有谱”着呢，他知道一些东西会在将来发挥作用。“大哥大”被淘汰后，手机的价格相对很低，“大哥大”好像白白浪费了很多钱，然而表哥用“大哥大”沟通了一个重要信息，谈成了一个客户，这笔钱就没有浪费掉。

车也是如此，表哥学车的时候，大家普遍还不会开车，他就早早接受了新事物，掌握了一门技能，这在无形中让他多了一份竞争力。

他的这些消费行为，背后也许有这样的一个道理：只有对自己有自信的人，认为自己值得拥有好东西的人，才会有这么强大的安全感，才会有这样的消费观。

对于很多年轻人来说，这个案例提醒我们：

第一，不要因为暂时无法拥有，而失去关注之心。例如，业务人员可以多关注一些自己暂时无法购买的高科技产品，不能立即拥有却不妨碍我们从现在开始关注。也许你暂时无法拥有的东西，却是你的客户熟悉的东西，你了解了一些相关知识，说不准某个时刻，与客户之间就多了一个话题。

第二，要相信自己够好。有时候，人们会根据你对自己的判断来判断你。比如，如果你爱车，你的领导看见一辆跑车对你说："努力吧，你将来也能买这样的车。"这时候大可不必刻意地说："我哪能买得起这么好的车呀。"而要学会用自信又不失稳重的笑，表示相信自己会有更好的未来。

反之，如果认定自己无缘好的产品，漠不关心，或者表现得不敢奢求，别人也知道了你对自己的判断，就会认为"此人没什么追求"。

第三，一些东西看似用处不大，但是在关键时刻，却有可能发挥重要作用。除非你保证它一次也用不到，只要用到一次，它就是你需要的。在经济条件允许的情况下，请为关键时刻做好准备。

第七节　金钱是自然的奖励

把别人的信任留住

生活中，每个人都有机会遇到一些比自己能力更强的朋友。从某种程度来说，无论什么性格的人，都会被一些人喜欢。重要的是，得到这种机会之后如何维系？对于交往朋友来说，要考虑如何把一段交往延续下去；对于业务关系来说，要考虑如何让客户持续地信任你，保持稳定的合作关系。

冷女士是一家公司的老总，她很信任助理小贾，并让她协助管理工作，小贾总是能最大化地为公司争取利益，不怕得罪人。

冷女士也以姐妹之情对待小贾，她除了在经济上尽量支助，还把自己的跑车借给了小贾。

冷女士单身，也一直拒绝别人给她介绍对象，时间久了大家也就不再提了。但是小贾打开了冷女士的心结，她说有些聚会要多参加，哪怕不是为了姻缘，但是至少可以认识一些人，公司现在虽然稳定了，将来的机会也许就会在一些想不到的人际关系中出现。

冷女士被小贾的体贴感动了，她觉得小贾是为自己好，就决定去参加一次。那一次，冷女士特意做了头发，又特意去选了一套能够体现女性柔美的衣服。

冷女士去了之后才发现，小贾给她介绍的几个人，都是从事推销的人。后来，当一个人喋喋不休地向冷女士推销一款保险产品的时候，她问小贾这是一次什么形式的聚会。小贾支支吾吾半天，也没有解释清楚。后来，聚会还展出了一些没有品牌的独家推广的产品，看着对方和小贾殷切的眼神，冷女士当场掏钱买了下来。

当天离开后，冷女士还是克制住自己，不动声色地开车把小贾送回家。回去之后，冷女士越想越难受，气愤难平，当天就决定要给小贾调岗。

平时，我们以为女强人就应该"大气和大度"，貌似不该为这种小事烦恼。实际上并不对，她在事业上的确有大气量，但是在人与人的关系上，她依然在乎自己的感受，不能容忍别人对自己的算计。小贾不该因为一时的利益，如此对待一个相信自己的人。

星云大师曾这样解释“吃亏就是占便宜”，他说：“有些人占了别人好处，以为得意占了便宜，其实是吃亏。好比人人渴了，一杯水端来，你抢着先喝了，不分他人；结果后续又送来一杯牛奶，别人不会分给你也喝下了。占便宜往往是一时，久了人人提防你，长久你还是吃亏。”

拿小贾来说，她编了一套理由，让冷女士当场掏了钱，这就成为了一种以情感的欺骗为借口的打劫。这一次，她占了便宜，可是下一次，冷女士就有无数的借口拒她于门外。

所以，有机会结交到一些重要人物的时候，一定要与对方同心、齐心，别浪费对方的时间，由你去介绍他参与的活动一定要对他有价值，不要被一些小利益动摇。

把对方的每分钱当金子

无论你遇到的人多么有钱，他本身多么挥金如土，你都要牢记一个原则，那就是他可以不在乎自己花了多少钱，但你要学会把他的每分钱当金子，无论数额大小，一定要让他感觉花得值。

策划人叶茂中曾经经历了这样一件事情：有个客户请他一起合作，他看了一下对方的产品，对客户说，这个产品估计在国内没有办法卖起来，所以不要做广告。客户遭到他的拒绝后，就没有进行此次合作。

过了很长一段时间，这个客户又来找他了，原来客户换了新的产品，还是想与叶茂中合作。因为上次接触让客户对叶茂中印象很深，他说接触了那么多广告公司，从来没有一个广告公司说你不要做这个广告了。这就是一种难得的信任——只有珍惜别人的钱，别人才能相信你；你如此这般看待别人的钱，才能得到对方的钱。

小钟家庭条件优渥，自己更是经营了一家大公司，人品一流，四十多岁，一直单身。经常有热心的朋友给他介绍一些女性朋友，但大部分情况下，往往高调认识淡然收尾。

在别人的介绍下，他又认识了一个女孩，各方面条件都优秀，两个人也能感觉到彼此品位相投。他对她也乐于付出，无论是安排国外旅行，还是帮助她在工作上得到一些别人不容易得到的资源。

直到有一次，她提出想让小钟买某一个大品牌限量版的女包。

小钟买了包送给她之后，就以工作忙为理由，慢慢不再约她了。女孩绝对是高智商的人，马上明白“求来的东西不属于自己”。她也再没有给小钟打过电话，也不追问为什么，更没有对外乱讲这件事。

两个人，平平淡淡分开，再见面，也可以点点头，打个招呼。

有些人知道了这件事，嘲笑小钟小题大做，不够大方。其实，小钟绝不是为买包付钱而如此决断。他为了她的工作所花费的金钱和精力，远远超过一个包的价值。

有次一起吃饭提到了那个女孩，他沉默了一会儿，还是淡淡地说：“我觉得她不是我认识的那个人。”

这件事很值得思考，也许有人会说，这是有钱人的矫情，也就是说，有钱人更敏感，他可以主动给，但她不可以去要。

可我始终记得他说的那句“她不是我认识的那个人”。也许她以前在他心中不俗，也许她以前在他心中与很多人不一样，但是，一次索取就让他有了不好的感觉。

不要随意让别人掏钱，不要因为要采小岔路上的果实，让自己错过远处的新风景。

在无形中创造价值

有人曾经问过我这样一个问题：“张老师，在这个时代与社会背景下，是不是越理性，越容易获取资源，越容易过上自己想要的生活？”

对于这个问题，从我第一次思考感性与理性这层关系的时候，就一直坚持自己的观点——高水平的理性，恰恰需要承认感性的存在。

能把感性与理性调控好的人，是真实自然又拥有智慧的人。一些有“人情味”的行为，看似是被感性支配去做的，从理性判断来看，有些浪费时间与精力。但我们不论做什么，打交道的都是人，人是感性和丰富的，一些善良的行为，会为你创造出一些无形的价值。

小郑是个电商，需要与快递打交道。每次出现问题的时候，他都会帮助快递员一起想办法解决。因为多费了一些心思，他认识了这家快递公司在此地的负责人老王。

有一天老王对小郑说了一件事情，他的客户正在逐渐减少。小郑觉得老王已年过四十，他从遥远的山区来到北京，对快递工作也热情、上心，非常不容易，于是就多花了一些时间，向老王提出了三条大建议和六条小措施。

老王听后非常感动，后期也逐步开始实施这些措施，效果非常好。过了一年半，老王在北京买了房子，快递业务也做得非常好。

小郑非常欣慰，他亲眼见证了这家快递分部的快速发展，并且还参与其中，他对自己也多了很多信心。更重要的是，老王

“吃水不忘挖井人”，对小郑公司的快递服务做到了最贴心的VIP服务。快递服务对于电商有至关重要的作用，小郑的交易量和好评率也因此有了显而易见的增长。小郑在成就他人的同时也成就了自己，实现了双赢。

用心体会别人，用心帮助别人，当你真正对别人有价值的时候，钱也会是对你自然的奖励。

第八节　功能有时就是生命力

看透不说透是一种能力也是一种智慧

在整理房间的时候，总会发现这样一件事情：很多精致的摆件哪怕价格再高，也会被扔掉，可是一支有用的签字笔，哪怕价格便宜，还是会被保留下来。在很多事情上也是如此，有时候，功能意味着生命力。

20 岁出头的时候，我觉得人的差别不小，有“人精”“智者”“普通人”“资质不太好”等各种类型的人。工作后，离不开与各种各样的人打交道。回头一看，才发现不能简单地定义别人。有看起来很张扬内心却很有主意的人，这让你学会不要被外表迷惑，要学会看本质；有看起来很平凡却在关键时展示出伟大人格魅力的人，这让你学会不能小瞧每个人；还有看起来总是有些笨拙，明知别人对他玩心计后却憨憨一笑的人，这让你知道谁才是真正聪明的人……

经历多了，就发现人的差别好像没有那么大，每个人都有自己的智慧，都有自己的计较，只是应对方式不同而已。

懂得多了，就不会轻易地评判某个人的人格，也不会轻易对一些事情表态。这不是怕得罪人，或者怕被人误解，只是随着生活经验的积累，知道了别人的不容易，知道对一些非原则性问题，不一定非要争个是非黑白了。

我在异地有两个关系不错的同学——李同学和郑同学，两个人都是生意人，在当地都很有名。两人常常一起参加一些聚会，也偶有商业合作，大家都很羡慕两个人的商业头脑。

一次，市里一处不错的高档会所要转让，不少人都对此感兴趣。李同学和郑同学就在其中。两人都安排手下人员出动，争取拿下。后来因为他们两方都发现状况有些复杂，就放弃了这个地方。

一次聚会，有个同学无意中提到了会所转让这件事情，我就很自然地打了个岔，把话题给绕开了。因为我知道，两个人都没有当面提及这其中的一些事情。

没有提及是好事情，能给彼此留下日后合作的机会。

李同学和郑同学都曾对我说过对方一些负面的事情，但是我的任务就是让这些信息在此终止，不要在两个人之间传播。

很多事情，你以为说出来是对别人好，是不让别人蒙在鼓里，但是如果真的说出来，你就可能失去了对方。

倘若我告诉李同学，郑同学对他很有意见，也背着他做了一些不太好的事情，李同学会感激我吗？不，他会怨恨我说出来这些话！

他们如果“不知道”对方在背后有小动作，以后称兄道弟才会显得自然。

我们常看一些名人互相掐架，后来又互相体谅和赞美，仇恨散得比风都快。从敌对到同盟，有几人能扛得住利益的诱惑？

我本来就是局外人，又不在当地生活，他们告之一些秘密自然不会有压力。而他们两人，还要在此后的日子里，能够彼此赞扬和合作。

人有时候要把自己当作大海，拥有一种大气度，只传播自己的声音。

有些事需要用时间来体会

在我二十几岁参加第一份工作的时候，家人特意嘱咐，一定要多向比自己年长的老师学习。

当时，我个人无论是动笔能力还是口头表达能力，在同事中都是不错的。这种能力也的确帮助我得到了领导的重视，领导总是把很多文字材料都放心地交给我。

当时在同一个办公室工作的还有一位“老张”，我看不出“老张”大哥有多厉害，能力有多强。我总感觉他写的东西很“平”，平得不太像一个被领导重视多年的老员工写的。

我逐渐发现，凡是有大事，领导还是会让“老张”写东西，其他不重要的才会交给我“发挥”。

有同事私下替我鸣不平，让我一时也有点不平之气。幸亏想到了家里人的叮嘱：不可小看年龄，不可小看经历，不可小看比自己年长的人。

我对“老张”依然很尊敬，并且向他很交心地请教。

开始的时候，“老张”总是很谦虚地拒绝和我讨论。后来，我真心诚意请教的次数多了，他也慢慢地开始点拨我，说出他对一些事情的看法。

他开口说“真东西”的时候，我瞬间就明白了“老张”看事情有多透彻，明白了真正的利害关系在哪里，也明白了哪些问题应该轻描淡写，又应该怎样用平直的态度表现出自己该有的一种态度。

意识到这一点之后，再回头看看“老张”大哥的文字，不但不是“平”，而是“老练通达，言之有物”。

时隔多年，这事现在想来还是一个对自己的提醒。同样的工作交给两个人，一个工作了五年的人和一个刚工作一年的人，也许看起来工作结果没有什么不同，甚至年轻人做得更快，但两个人所拿的工资并不一样。工作时间更久的人拿的薪水更多，有时候并不是老板体恤年长的员工要“拉家带口”，或者是“欺负年轻人”，而是一些老员工给公司带来的一些好处，真的需要用时间来体会。

优秀不等于有用

优秀的人未必对我们有用，一些看起来不那么优秀的人，反而会让我们在某个时刻感动和尊敬。

年轻人丰和斌的故事，就形成了鲜明的对比。

丰在美国读书，学的是工业设计，一直以来都很优秀。

斌在国内上学，复读了两次都没有考上大学，后来在老家开了一家洗车店。

开始的时候，两人同时参加聚会，能明显感觉到人与人之间的“分别心”。

大家对丰，恭维多；对斌，要求多。

例如，丰总是迟到，他习惯了让别人等自己。当丰还没到酒店的时候，就有人惦记与关心他，问丰是否熟悉路，是否需要找个人在路口接一下，或者给他打个电话，等等。

对斌，大家则有很多的要求，例如要求他第一个过来，要求他安排别人的住宿，等等。斌总是耐心地帮大家把别人不愿意做的琐事给办得很稳妥。

可是过了三年，情况就变了。

丰回国了，没有人激动地再去安排庆祝。

反而是斌，大家感谢他一直以来对别人无私的关照。

虽然斌只有一家洗车店，但是熟人去了，他会亲自洗车，一丝不苟洗完后，还会爽快地不要钱了。大家知道洗车赚的绝对是“辛苦钱”，心里难免不忍。后来，大家就不遗余力地介绍其他人去他那里洗车，斌的朋友越来越多，洗车店的规模也越来越大了。

除了洗车店的生意，只要和斌接触的人，都会感觉到斌的心里有一种火热。你有事求他，他一定尽力而为，绝不推诿找借口。

例如，斌得知有个关系一般的人四处找人询问他的手机号，要找他借钱。斌会主动把对方的手机号码要过来，回电话给对方，有余钱就会帮忙，没钱也主动跟别人说一声“对不住，这次没帮上你，朋友”。

斌从不抱怨朋友，无论亲疏、远近，他对人总有持久的热度和善意。

丰很挑剔，别人的礼数不周，别人的怠慢，甚至是一个小细节的失误，都不会被他的眼睛放过去。丰后来抱怨人情冷暖，却不知他优秀，他学历高，但是他对很多人没有用处。慢慢地，大家就不再“装模作样”，回归真实了。

反之，斌已经将认识的人全部俘获，把小圈子用到了极致，做成了自己的事情。

第九节　察言观色认识人

经得起那些不动声色的观察

我们在展现自己之时，还要学会细腻地观察别人。

这种察言观色，并不是简单地判断一个人的性格是开朗还是内向的，或者是观察对方的喜好是什么，而是要留意对方看待事情的角度和态度。

如果要与对方合作，判断他看待事情是乐观还是悲观是非常重要的，因为这意味着他将来也会如此看待你。这种探底的行为对于可能产生的合作至关重要。

如同一个杯子中有半杯水，积极和消极的人得出的结论完全不同，积极的人可能很高兴，觉得这个杯子里至少还有半杯水；而消极的人可能觉得很不妙，他会觉得这个杯子里只剩半杯水了。

老王与猎头谈过之后，接触到了想聘请他去工作的李总。与李总的交流一直比较愉快，李总也给人一种有雄心，敢于定战略、谋发展的印象，两人相谈甚欢。

直到老王偶尔聊到行业内的一个突发事件的时候，李总短短的几句点评，让老王留意到李总对于运营风险的抗拒和排斥。

老王是那种敢于做企业制度改革的人，他对一个公司的价值就体现在一些开创性上，他想要服务的公司领导也应该是敢于创造，并允许风险并存的人。

李总对一个表面看似不太关联的事件的评论，让老王敏感地觉察到李总对自己有期待，但却有可能由于担心结果，不会充分放权。

后来老王还是婉拒了李总，因为对于一位对自己职业生涯负责任的人来说，选择服务的公司，不仅是为了赚钱，还是要选一位创业的伙伴。

所以，有时候我们不但可以通过直接的提问、沟通、交流来判断对方的价值观，还可以通过他对待其他相关事物的态度，来推测出对方可能具有的局限性。

用对方的缺陷完善自己

很多看似普通的人容易被我们忽视，让我们忘记了很多伟大的人曾经也是普通人。

我们愿意拿出时间与精力去关注成功人士的动态与生活，却往往不愿了解我们身边的那些人有哪些缺陷会导致他难以长久地立足于社会。

学会观察别人的缺点，并不是要挑剔别人，而是可以用来反思自己。毕竟有的时候，我们会看到对方的缺点，却忘记审视自己身上是否也有这样的一个部分。

有一次，我接触到一位在互联网领域的创业者。因为要谈一个小合作，我们就约在楼下的一家咖啡厅见面。他来的时候，我有点没想到，这个穿着闪绿色T恤、头发凌乱的人就是来谈合作的人。坐下来的时候，他的状态还有些局促。

我没有绕弯子，直接请他提出需求和想法。于是他从上衣口袋里找出来一张纸和一支笔芯裸露在外的签字笔，开始对照着纸介绍他的业务。此时，他的眼睛开始放光，从设想到具体的执行层面，整个过程谈得也很不错。看得出，他不是不重视这次谈话，而是做了充足的准备，还有独到的思想和极大的热情。

时间不知不觉很快就过去了，因为我之前约的就是谈一个小时，他说还想到几项具体的内容，要看一下时间，掌握节奏。

接下来，他开始手忙脚乱地找手机，摸出来的时候又不小心掉在了地上。在他低头捡手机的那一刻，我看到了他脸上浮现出一丝尴尬的表情，这个小动作和谈专业时的态度，反差太大。

也许我可以欣赏这种工作投入，不修边幅的态度，但是未必人人都喜欢这样的态度。

若是让他去谈一个大项目，这样的做派就会让对方在心里打上一个问号。

想想我们通常是如何判断一个人的？有时候仅仅是从他的“范儿”开始建立印象，所以形象糟糕的人往往容易被忽视。既然如此，我们不妨先把自己的风范练好。那并不需要你花太多的时间和精力，甚至改变自己的某些损伤形象的做派也并不是一件太难的事。一个人只要愿意改，就会发现，你想使自己不必让对方等着你从包里翻出手机看时间，只要在腕上配一只手表就可以做到。

当你的外在井井有条的时候，你会发现自己对待生活的看法也在发生改变。你开始喜欢上一种井然有序的风范，久而久之就会内化为你的气质，世界回应你的也将是新的判断。

想面如平湖先心如平湖

一个人想要面如平湖，要先懂得平衡的艺术，让自己的生活没有太大缺失，内心才容易平静，还要与社会同步行走，不要脱节，如果心态跟不上时代变化的步伐，他的表情也容易慌乱。

我会定期和相关行业的一群人聚一聚，互相交换一下对彼此有用的信息。

这群人中论资历最老的是老李，当年我们这些人都曾受到过他的帮助，大家很尊敬他，他也愿意做大家的老大哥。多年前，我们年轻人在一起谈一些新闻事件的时候，他也参与其中，时常做一针见血的点评和一些商业趋势的预测，令大家心生佩服。

可是，近几年老李的性格慢慢发生了变化，对一些事情的评价开始变得消极。他常常感慨今非昔比，原因是随着各类新媒体的出现，老李从事的报业媒体受到了一些冲击，工作也开展得没有以前那么顺利。

然而，做相关工作的人不止老李一个，大家没有经历过以前的“辉煌”，所以也没有他那么大的失落感。

老李的心情越来越不好，到后来，不论我们聊什么，他都能把话题引到负面的方向。例如，有人要创业，他会举出好几个朋友创业失败的案例；有人要买房，他也会举出几个买房的弊端；就算是聊新闻事件，他也总是聊一些负面的社会新闻。

其实，对于老李来说，他聊的事情都是事实。只是，当一个人关注的都是负面消息的时候，这个人就充满了负能量，让人不由得想要拒之于千里之外。

即使如此，只要老李愿意和我们一起，没有人会提出异议，大家还是一起聚。虽然很多话题被老李泼冷水之后，气氛有时候会出现短暂的沉默，但大家都会转移话题重新热场。

有点不妙的是，老李自己不用微博、微信，还看不惯别人用。有一次吃饭的时候，有人拿着手机刷微博，我们几个也互相打探一下对方是否知道某个微博号实际上是某个大咖的号。老李突然说："以后不聚了，低头族越来越多了……"接着又是一长篇的"忆当年"。

后来我补充了几句："新媒体势头强劲，可未必意味着它能够全部替代报纸在人们生活中的重要作用，一些深度报道更需要报纸来呈现，况且就信息的真实性来说……"

这番话本来已经把话题转移到一个正向的地方，有很多做报纸的哥们已经开始聊如何发挥报纸的优势，老李却又叹口气，接着说："说得不错，但做起来谈何容易……"

不愿意接受新事物的老李已经离我们越来越远……

这也提醒我们要随时更新自己，让自己每一天都是新的。你是新的，融入这个时代的脉搏一起跳动，你才不会感到慌，才能随时找到适合自己发展的方向，才能让自己吸收到同样积极的人气。

人与人之间总在互动，你在观察别人，别人也在观察你。看透别人不难，同时也要学会用一颗平静的心来武装自己，这样气质才能正向积极。

中篇 抓得住对方最隐秘的内心需求

第一节　允许对方不是道德模范

“看透人”最靠你的耐心

很多年前，我和一个同事去采访一位在当时小有名气的创业者，我们精心准备了采访提纲。

后来在聊到一件类似危机公关的事情时，同事说：“您当时是不是马上紧急开会，找出责任人进行处罚呢？”

他没说话，转头问我：“你觉得呢？”

我当时看他的表情突然严肃了起来，于是很保守地说了一句：“可能会先判断一下这件事的真实性，判断是竞争对手的行为还是自身的问题。”

他立即眉开眼笑，说：“小张，你不错。”然后脸色一冷，非常不高兴地扭头对我同事说：“我傻吗，出了事只知道处罚内部人？”

这句“我傻吗”，让我和同事都陷入了尴尬。当时年纪轻，也并没有及时化解，只能硬着头皮把采访做完，就回单位了。

这件事情让我对这位创业者没有建立起良好的第一印象。

更尴尬的是我同事，回到单位的时候，他还没有消气，气愤地说：“这种喜怒无常的人，注定只能风光一时，不会长久。”

我当时也认为，在中国这样一个很重视人情的社会中，这种风范的确不利于他把事业做大。后来因为没有工作来往，所以也很少关注他。

直到多年后的一次企业峰会，有位年长的朋友聊到那位创业者创业的缘起，我才知道，当年他曾陷入公司的内部斗争，被惩罚过，一气之下，才独自创业。

这才让我猛然想到，当年他的剧烈反应和态度是有原因的。当时深深地感慨，在社会上行走，很多事情并不是我们以为的那样，我们有时也并不具有一眼看透别人的能力。与他人交往，要给自己时间，要延迟自己对一个人的判断，不要因为一件小事，就评判他的全部。

尊重别人的“俗”

大部分年轻人在还没有深入接触社会上的一些有成就的人的

时候，容易把对方当作“高大全”的人，把对方看得过高，把自己看得矮小。

随着见识越来越多，很多年轻人就会发现，外表很风光的人，其实也是普通人，也有一些缺点。以下三个故事与读者分享。

第一个故事，我曾经以为很敬仰的一位老师“一定会淡泊钱财”，后来发现他在一个项目中，将账目精确到了每一个细节。甚至有一次，还以苛刻的理由扣掉了其中一个员工的工资。

大家当时都十分排斥他这样的行为，觉得这很“俗”。

第二个故事，我的一个设计师朋友去给一个当地名人设计房子。房子很大，户型方正，地段也在市中心黄金位置。其中，有一个房间，该名人规定，除了硬装之外，什么软装都不要。朋友想了一晚，做了一个精巧的设计，后来，还是被拒绝了。这位名人说：“什么物件都不要放，什么设计也不要，这个地段的房子很贵，租金也贵，听说附近还有人把自己的房子租出去，自己睡阳台的。我就是故意把这个房间全部空出来，证明我空得起。”

这样的想法，大部分人都不会苟同，却不能不承认对方对生活有自己的坚持。

第三个故事，我曾经给一位威严的领导做助理，他是个绝对理性的人，从不开任何玩笑，也不太流露自己的情绪。他的冷静和威严，曾经是我很向往的境界。直到有一次，我们坐在车里，他接了一个电话，应该是发生了一件很不好的事情，他瞬间红了眼睛，立即让我通知大家取消很重要的一次会议。

那一次，我明白了，理性的人并不等于没有感情。

以上三个故事，都是讲“高大全”的人具有凡人的一面。当一个人越来越接触到一些本来自己看得很高的人，发现他们也不过是那么“俗”的时候，容易犯一个错误，就是误以为对方的一切好都是伪装的。以为自己抓住了一个机会，看透了对方不是个什么有境界的人，从而由开始“看得过高”，迅速进入到“小看他”的处境中。

实际上，我们可以从另一个角度重新看以上三个故事。第一个故事中，“小气”的那位老师，克扣下来的钱，没有一毛是放进自己口袋的，他坚持对投资人负责；第二个故事中，那位名人打拼之初多年在工地上与别人睡通铺，因此造成了他对大空间的偏执；第三个故事更是体现了我们要全面看待一个人的必要性。

体谅并理解每个人都有“俗”的一面，方便我们更好地去看他比我们更好的一面，也才能看到他赖以发展的优势在哪里，找到他所处的行业最适合他发展的点在哪里，从而给自己一些有益的借鉴。就像我们平时看到的一束光，用我们的眼睛来看，那就是一束白光，但是实际上，光线有红橙黄绿蓝靛紫等多种颜色。

我们要突破自己的能力，要多层次、多角度地观察别人和学习别人。

超越生存线以上，每个个体的内心需求都是不一样的。大咖的内心也往往是复杂的，因为足够复杂，才能应对各种复杂的事态。例如，那位要把一整间房子空出来的名人，据说他只对生活环境的要求标准超高，尽自己的能力去“奢侈”。但在做事方面，他从不亏待别人，而且当他拥有了很多财富之后，在吃穿方面还是保留了以往的朴实本色。

因此，我们要学会看到很多的不同，也要学会尊重别人特殊的情感需求。这样，我们的目光才会真正落到有价值的地方。

多些自我要求，见招拆招

我有一个性格特别单纯的同学，做家族企业，但在大事上还是得靠他父亲出面解决问题，大家也都安慰他，说这是必经之路，不必放在心上。后来，他父亲不能再参与生意，他又总是对一些事情不敢拍板，大家还是安慰他，并劝他多听一些有经验的人的意见。再后来，他不是被人欺骗，就是遭遇其他各种磕磕绊绊，事业经营得非常不好，忙碌一年却只能达到收支平衡。

我第一次开始反思他的问题，也反思了我们对他的帮助，似乎在哪里做得有点不对劲儿。为什么其他同学也遇到过不靠谱的人，但是都能够敏锐地发现问题，并稳妥地解决问题呢？

我猛然发现，我们这几个人的错误在于，永远在事后安慰他，从来没有真正设身处地地把自己放入他的情境中，考虑他最需要的是什么，从而在事前就让他自己警醒。

他最需要的不是安慰，而是真正地解决问题。如果把我们其中任何一个人移入他当时的情境中，我们都未必会做出与他一样的选择。

同学的问题其实很可怕，他是个老实人，似乎他也在要求自己遇到的人都是老实人。他遇到任何人，几乎都会马上无条件地信任对方，被人吃回扣，被人引导签错合同。一次次的事件发生后，他还是要求自己遇到的人必须是老实人，因为他的行为模式从来没有改变，似乎还是用很高的道德标准要求对方。他一次次地出问题，从不历练自己，屡次被人欺骗而不反思为什么这样的事情总是发生在自己身上。

那一天，我事先和其他几个同学说好，不再给他提供安慰，而是要真正地和他一针见血地聊一聊问题。我们很坦率地告诉他，以后不要总把错推给别人，即使遇到的人十恶不赦，也不要把错推给对方，如果一直觉得自己委屈，就永远不会进步，下一次，下下一次依然会跌倒。

那天，同学很震惊，一个晚上都没说话，这剂猛药让他花了很多年的时间去吸收。但现在的他，做事成熟，绝对可以独当一面。

在现实生活中，一个人要求自己遇到的每一个人都是老实人，也是某种程度上的懒惰和自私，因为我们总会这样想：

他应该诚实，这样我就不用判断信息。

他应该平和，这样我就不用担心说错话。

他应该具备人格魅力，这样我与他的钱财往来就不会吃亏。

他应该有胸怀，这样我就可以肆无忌惮地评论他。

他应该乐于助人，这样我就可以随时向他索取帮助……

当这些问题真的思考并列举出来的时候，我们发现，自己抱怨别人不够好，批评别人，未必是别人真的犯了多大的错，而是因为我们自己太懒，对别人提出了太高的期待。我们的目的也有自私的成分，也许是为了让自己更舒服、更放松。

总之，指责对方是无济于事的，不妨把这些问题变为：

他不必完全诚实，只要我能够分辨信息的真假。

他不必平和，只要我说话做事有分寸感。

他不必具备人格魅力，只要我坚持钱财往来按规矩办事。

他不必有宽广的胸怀，只要我背后不论人是非。

他不必乐于助人，只要我让自己更强大！

如果我们时时提醒自己做到这些，我们的好运气就会一直围绕，怎么也赶不走。

第二节　让你周围的一切成为最好的匹配

你用什么配自己

大部分人都会从外表包装自己，表现自己的特质。例如，一个搞创意的人，往往穿得不修边幅，衣服也比较宽松，这样看起来，他出品的东西似乎就是有独特个性的。与身份适合的配套包装有时候的确会发挥巨大的作用，尤其是在主观性评判比较强的一些行业。

经常从事社交活动的女士，手中往往都会拎着名牌包，这会提升她的时尚度，也能帮助她增加一些话题。如果工作时间不长、收入一般的女孩也不惜成本，买一些超过两三个月工资的名牌包，就不可取。尤其是一些名牌的包，还有每一季的新品。当她用了一段时间之后，就成了过季的名牌包。这笔投入对她来说就很不合适，在周围同等收入的人群中，这个过季的名牌包基本上什么作用也发挥不了，还有可能被人误以为是假货。

反之，一些财力优渥的女性，用的某个物件即使是假货，常人也会以为是真的。想想看，她开的车是奔驰，戴的表是名表，住的房子是高档别墅，她用的名牌产品会是假的吗？

物质的包装固然重要，量力而行去选择更为重要。大家可以在物质包装之上，再继续延伸一下自己的思路，思考如何用某些精神层面的东西来体现自己的特点。

同事小东在一群人中总能够脱颖而出，稍加留意，就会发现他有一些不一样的气质。他没有这个年龄层的人普遍存在的一些迷茫，也没有某种懒散、无所事事的情绪。他的形象设计绝对是讲究的，重要的是，他关注的事情，都是年轻人应该关注的事，整个人都展示出一种有理想、有热情的青春气质。

年轻人本就不必伪装老道，因为很容易被人发现其中的不自然。年轻人对于理想和未来的态度，会成为他最大的亮点。但是有很多年轻人，往往内心有理想、有热情，却不擅长表达，这就会减少机会，而且随着生活压力的增加和岁月的侵蚀，理想就真的容易随风而逝了。

学会表达你的理想与热情，用它们来匹配自己的年轻，这会展示出你创造未来的可能性。有一次，小东和一个同伴与我一起吃工作餐，他并不张扬的几句话，就显示出了他在关注财经新闻，也在看一些同类的报纸杂志。这一点强化了我对他的印象，因为他不但有理想、有热情，还已经付出了自己的精力和时间，在做必要的知识上的储备和心态上的准备。

从精神气质上找到最好的行为来匹配自己，远比一块名表、一身名牌更有价值。

做事要因时制宜

年轻人小陆很苦恼，她对待别人总是很主动热情，遇到女同事，总能亲切地挽起对方的胳膊。可是，单位里的同事都不太接受她，公司组织一起旅游的时候，谁都不愿意和她一起住宿，平时一起吃饭的时候，其他人都一起去餐厅，也没有人喊她。

小陆换过几次工作，在任何一个单位都是如此，这样的现象几乎让她崩溃。

她和同事小李工位很近，她对小李嘘寒问暖，但小李对她还是很冷淡。甚至有一天发生了一件很不公平的事情：领导嘱咐小陆去打印材料，小陆打印好材料后还没有收起来，就被小李当作废纸扔了。

领导发火的时候，小陆主动承认了自己的错误，闭口不提是小李弄丢了自己的材料。

小陆原以为小李会感谢她一人扛下所有的责任，没想到小李不但没有向自己道歉，反而还不冷不热地说了一句："以后重要的材料，你自己要保管好，不要随便乱放。"

其他同事听到之后，不但没有指责小李，还附和了小李。

小陆不明白究竟是自己的问题，还是小李的问题。

从表面上看，这当然是小李的问题，小陆是很委屈的，她包容了同事的缺点，但是同事非但不感激，还很无理。

但我们深入思考后却并不是这样。哲学家康德在总结人类基本道德原则时宣称：善待自己和他人应该成为目标本身，绝不应作为手段。

很多时候，我们将善待别人变为交际的一种手段。例如，自己内心并没有真正原谅一个人，为了表示大度，会在公开场合中表现出和自己内心截然相反的一面。

很多时候，我们没有原则，没有底线，是会给对方带来误会的。小陆的行为本身就存在不合理性，如果她内心认为这件事情是小李误拿了自己的文件，就不应该在领导面前大包大揽；反之，如果她认可小李说的，是自己乱放文件在先，她也就没有必要再觉得委屈。

一件微不足道的小事，也能窥见人性。如果你在组织里取得的业绩或者是资历都很高，你的谦卑会让人们感觉你的道德修为很高；反之，如果你没有这些，还总是低下头来，做出一副“我是老好人”的样子，人们会感觉你的生存手段就是如此，并不是发自内心地包容和体谅别人，而仅仅是不敢参与竞争，或者内心存在深深的自卑感，才毫无底气地处处没有原则地与人为善。

包容他人存在一定的合理性，但如果一个人无限度地包容别人，就会给人一种很不真实的感觉，反而会造成人际关系的冷漠。

你与谁站在一起

我有两个朋友——小杨和小刘，他们在自己的领域内都发展得很好。小杨出身于知识分子家庭，身上有一种优越的劲儿；小刘则相反，他是靠自己打拼才与小杨齐头并进的。

两个人的事业发展轨迹完全不同。

小杨因为知道自己足够优越，也习惯了别人羡慕的眼神，他的公司推出的产品总是想第一次就做第一名，第一天就打败最牛的竞争对手，第一眼就把所有用户变成自己的粉丝。他的这种方法最初能赢得别人的期待，吸引别人的眼球，可是随着时间的发展，最初的热闹过后，由于曲高和寡，谈论和关注他的人越来越少，小杨不得已开始做第三次转型了。

小刘则走了一条草根化的路，他是个内心充满自信的人，但对外表现出来的却是平实亲近。他与不同的人打成一片，善于自嘲，在与朋友发生争论的时候，他总把闪光处让给别人。不知不觉中，小刘的发展越来越好，任何人都不防备他，都想帮他，突然有一天，大家回头一看，小刘已经成了一个很有影响力的人了。

当一个人还不足够强悍的时候，一定不要过度迷信自己的力量。选择和对的人站在一起，才是对的发展路径。

这个关键的人也并不难找。我刚踏入社会的时候，有机会参加行业内一个很重要的活动，我知道自己年轻，无资历，硬是出席，未必有很好的效果，很希望找个有资历的人一起前去。

谁才是合适的人选呢？

有时候，你需要的人未必需要到处找，资源就在离自己最近的地方！

我把这件事情告诉了我的领导，他正巧周末没有安排，也愿意多认识一些朋友，于是我们一起参加了活动。

第三节　苦劳要适时收起来

对方如何看待你的时间

多年前，我刚开始与社会上一些很有分量的人谈事情的时候，心中常会感到委屈。那时，即使半夜接到一些工作任务，我也要立即动身前往，生怕错过时机。印象最深的是，有一次我去采访一位老总，由于当时我刚出差回来，所以经过紧急的安排与联系后，我急忙赶到了那位老总的单位。

他业务繁忙，答应只给我半小时的时间。在办公室外面等他的时候，我几乎要在椅子上睡着了。

这位老总终于来了，他精神抖擞，干脆利落，我们也就迅速开始了访谈。原定计划是访谈半小时，访谈时，一问一答进行得也很顺利。半小时访谈结束后，我想再顺势补充几个问题，于是问他能否再多给一刻钟的时间。

令我意想不到的是，他当面毫不犹豫地拒绝了。

那时的我心中暗想，如果我是他，绝对不会这样对待别人，当对方远道而来时，我一定会想办法多给对方 15 分钟的时间。

后来，随着社会阅历的增加，我的想法也不再如此绝对化。很多时候，我也常常无法给别人很多时间，甚至有人啰唆的时候，我也会暗示对方“直接说重点”。

回想当年被拒绝，我再苦再累，那都属于我的工作安排，并不是对方设计安排的，本来就与他无关。站在对方的角度来说，他的安排就是给我半小时的时间，此后他可能还有其他重要的工作。如果每个人都在他面前上演苦肉计，他还如何分配时间和工作。

正如一个男子追求心爱的女人，如果他仅仅使用绝食、吃苦等方式，对方未必会领情，因为这种苦，并没有给对方产生什么好的作用。

从对方的角度看自己的行为，就容易心平气和，真诚地体谅对方。

苦劳有时是失职

没有功劳的苦劳，是否一定值得同情？

小丁工作多年，表现十分勤勉，公司有重点项目都会给她参与的机会。

小丁很重视每一次的机遇，但是，她的运气好像总是很差。每当要做重大项目的时候，她不是身体出问题，就是会遇到其他一些影响情绪的事情。开始的时候，她的领导还安慰和鼓励她，后来这样的事情经历多了，领导也觉得她总是有苦劳、没功劳，不能够担当重任，觉得她天生没有“事业运”。

例如，有一次，她要代表本部门在大领导面前做一个工作汇报。在这种情况下，最佳的表现是精神抖擞地展现自己。可是小丁的脸色非常不好，原来她为了准备汇报材料，整晚没睡好。小丁勉强照着原有的材料念完之后，在领导们临时询问的环节，她答非所问，语言表述能力十分差劲。

小丁也一直以为是自己的运气不好，后来，她发现之所以出现这种情况，本质上是因为她对于升职后要承担的工作压力和人际交往的压力承受能力太差。

例如，她花整晚时间准备材料，导致精力消耗太大，第二天表现不佳，这在某种程度上也是一种逃避，这样的苦劳完全可以从另一个角度解读——既然如此重视这次汇报，为什么准备工作不能提前做？

小丁就是有意无意地触碰到那些不利于自己的因素，让自己只有苦劳，没有功劳。

小丁是矛盾的，一方面她也希望自己的职业生涯有所突破，另一方面由于自己不够自信，抗压能力不够强，又对升职顾虑重重。只有透过现象找到她的隐忧，帮助她克服心理上的根源问题，让她正视职业发展，明白在挫折中历练自己的重要性，才不会每次都遇事不顺，只有苦劳没有功劳。

客观深刻地剖析自己，就会发现不是别人不能理解自己，而是自己没有站在对方的角度来看需求。例如，你急着要一份文件，快递员急匆匆地来到你的面前，告诉你他极度疲惫，只不过文件丢了，找不到了……你的第一反应是什么？你的表现也未必会理解他的“苦劳”，照样可能大发脾气。

在商业合作中，有时候拜访客户的时候，会听到对方说：“我很不舒服，所以今天迟到了……”我们想象中的自己应该会理解和同情对方，可实际情况是，我们真等了对方一个小时，对方用任何理由来解释，我们都会觉得他是在自我辩解，我们本身没义务来见一个迟到了还总有理由的人。

与其说对不起，不如做好自己。既然没做好，就不必找借口。

不居功才是功

老李在他所在的圈子内口碑极佳，这和他独特的做事方式有关。

老李接到一个案子的时候，会很认真地准备，别人准备三天，他会准备十天以上，他为对方做的方案，既可以往上拔高，有战略高度，又可以向下执行，创造效益。

提案的时候，有的竞争者总会有意无意提及自己都做了哪些准备工作，为了方案付出了多少努力。

但老李绝不会如此，虽然他准备的时间比别人多很多，然而他阐述自己的观点和与客户沟通的时间，一定会比其他人少一半。

他在与客户见面的有限时间内，绝没有什么寒暄的废话，也没有任何自我表现的欲望。他对付出的劳动和辛苦绝口不提，仿佛自己就是对方公司中的成员，本应该知道对方发展上的困境和需求。

这种做事风格，不仅会给对方带来巨大的信任感，也能不断打败其他对手。

从细节来看，你花了那么长时间准备的一件事情，用很短的时间讲述完，这无疑会显得你非常专业，也更加让人佩服你的实力。

在与人交往的时候，这也不失为一个好方法。

小王是个非常活泼的年轻人，很会为人处世，每次遇到一些比他年长的人，他都很愿意向他们请教一些问题。

一次，小王的一位客户李先生要借用他的摄影器材，小王知道李先生从不轻易开口求人，两人的关系也一直很平淡。他认为这是一个好机会，于是立即从北京的南五环出发送到北四环。

小王把东西交给李先生后，就以“不耽误您了，还要赶紧回去工作”为由，匆匆离开了。

过了没几天，李先生就把所借的器材还给了小王，而且对他的态度和以往大不相同，多了些尊重和亲近。

学会花最长的时间做准备，用最短的时间直奔主题，这不是伎俩，也并不夸张。生活就是如此，没有那么多惊天动地的大事等你去表现自己。小细节是否能做到差异化，同样能体现一个人智力的高低。

第四节　投其所好也会弄巧成拙

刻意迎合反会弄巧成拙

刻意的迎合有时也会引起别人的防备之心。

已经到了下班时间，办公室的氛围很放松，于是有几个女员工开始聊某位明星的离异事件。

主管潘先生的办公室的门正开着，声音一波接一波地传了过去。

小孙说："今天的头条新闻就是这对明星夫妻确认离婚了，十年婚姻走到了尽头。"

小丁说："唉，这段婚姻让人没想到，他俩看起来很般配，我以为会一直生活得很幸福呢。"

小孙说："男的已经很负责任了，是女的先有问题，他才忍无可忍。"

小王说："问题还是在于男明星，这个女明星和他在一起那么多年，经历了那么多风波，有什么好闹的！"

小孙说："可不能这么说，男人多不容易呀，不能只怪男的。"

小丁说："经营婚姻太不容易了。"

她们的主管潘先生的婚姻早已破裂。站在潘先生的角度，他如何看待这三个人的言论呢？

小孙的态度是完全理解男性。

小王的态度是批评男性对婚姻的不负责任。

小丁则没有明确表态。

潘先生会对小孙有好感吗？

未必！小孙作为一个女性，对离异中的男性存在微词是常态，然而，她违反常态，全然站在男性的角度，谴责离异中的女性。潘先生有可能这样推理：小孙知道自己离异，是在故意迎合自己。那么，既然她这么聪明，又是否意识到，不应该明知潘先生离异，还做挑起这个敏感话题的第一个人！

小王虽然发表了自己的观点，但是符合常态，还有可能是小王对潘先生离异一无所知，所以口无遮拦。

其中最巧妙的是员工小丁，小丁即使是聊八卦，也体现了她做人的一种宽厚。她没有批评任何一方，只是感慨婚姻的难以经营，把八卦故事放到苦乐人生中去理解。

因此，对他人想遮掩的一些负面的事情，如果你刻意迎合，反而会让他对你心生嫌隙，弄巧成拙。

以强势对强势

在生活中，我们常常遇到一些强势的人，有意思的是，有的人在刚接触的时候，你非但不觉得他强势，反而会觉得他是个温和的人。如果你对一个人的性格特点的判断是错的，在日后的交往中，由于心理预期的不同，你就有可能在一些关键时刻，采用错误的方法与他沟通，达不到你想要的效果。

在现代社会，强势并不是一个贬义词，也不是指一个人听不进别人的意见，蛮不讲理，而是代表着一种不拖泥带水，想要掌控局面的风格。

这说明强势并不一定会得罪人。那么如何判断别人是否强势呢？可以从三个方面留意：第一，强势的人，很少说客气话和虚词。他喜欢直奔主题，直来直去；第二，强势的人，要结果，不要过程。在遇到问题的时候，不会把原因当作借口，他只要解决方案；第三，强势的人，谈事情多于谈感情。他情绪化的表达不会太多，同样也不会接受别人的脆弱。

当我们接触一个人的时候，无论他是不苟言笑，还是面如春风，都可以从这三个具体的细节去考量。判定了对方是一个强势的人，如果需要与他进行合作，在合作的过程中，就要注意一些细节上的交流。

强势的人容易驾驭和驱动温和的人，让对方处于被动的状态。如果你天性温和，就要学会用一种沉稳的态度来面对强势的人。稳住自己，逻辑清晰地表达自己，就会给自己增加说服力和力量。

强势对强势有时候反而会出好效果。当你发现你的客户是一个强势的人，虽然他的态度和蔼可亲，但是总希望自己掌控一切，你会派什么样性格的人参与合作呢？

如果派温顺的人，客户方面应该没有什么意见，然而合作的效率、利益的分配有可能对你不利。

不妨让强势的手下去沟通合作，强势的客户是要自身利益的满足，而不是要自己心情愉悦。温顺的手下，展露出来的是“你是强者，你说什么，我尽量都做到，让你满意”；强势的手下，会向对方展露“我是专家，为了让你更好，我会帮助你做什么，你最终会有收获”。这样更容易打动对方。

分辨他人的真假需求

企业家陈先生是教师出身，后来放弃了学校的工作，从商十年，功成名就。

商业机构李总想邀请陈先生投资一个项目，需要找到合适的人与他联络。陈先生在接受很多媒体采访的时候，常常会谈论起《道德经》中的句子，体现出一种儒雅的内涵。

李总觉得和他谈项目的最佳人选是老王。老王是名校毕业生，饱读诗书，有书卷气，说话出口成章，然而工作业绩并不是特别好。李总心想，这次对待陈先生，老王终于可以派上用场了。

果然，老王第一次拜访陈先生就非常顺利。回来之后，李总询问老王情况。老王很自信地说："相谈甚欢。"

李总一听就很放心，他觉得自己的棋路是对的，用书卷气的老王与儒雅的陈先生沟通，一切都很顺利。老王的确与陈先生很对路，第三次拜访陈先生后，还带回了陈先生赠送的名茶给大家一起品尝。

看起来，该项目进展得很顺利，可是时间过了两个星期，李总请老王开会汇报项目的过程中，发现除了老王与陈先生"依然相谈甚欢"，项目的事情几乎毫无进展。

而且，从陈先生赠送了名贵的茶叶之后，更奇怪的事情发生了，他竟然把项目的事情交给了他的助理来办，自己则以工作忙、出差等各种理由再也没有接待过老王。请陈先生投资的事情也不了了之。

不少人遇到这种情况的时候常常愤愤不平，觉得对方莫名其妙，怎么不声不响就不了了之了，还会说“上个月见面还好好的，后来就没消息了”，等等。

问题的根源在于，李总在本质上搞错了陈先生的真假需求。

李总以为老王与陈先生有类似性，容易谈业务，这属于从表面上看问题。

其实，陈先生与老王完全不同，也许，他们早已经是两个世界的人了。

陈先生是用书生的外表包装自己剽悍的内心，他下海经商十年，其间甘苦自知，走的路太长太坎坷，他内心并不相信书生可以在商业社会中取得成功。他对书生气的人，尊重却不信任，礼遇却不重用。

为什么可以得出这样的结论？只要观察一下陈先生的公司，看看他招聘的人，就会发现他真正重用的都是哪些人，他的内心究竟信任什么样的合作伙伴。他的副总和助理，全无书生气，都是行业里的“老江湖”。

当今社会属于知识经济时代，大部分公司高管的学历都很不错，然而陈先生的公司却未必如此，在一些重要岗位上，他安排的高管都属于“老江湖”，常年跟随陈先生的人，也并非“学院派”，都是“江湖派”。

一个人在最重要事情的安排上会体现他内心真正的想法。

每个人都会由于自身经历的不同，有不同的自我认知，也都会有一定的局限性。我们要做的不是扭转对方的价值观，而是改变自己的策略，让对方为自己所用。

要了解一个人，就需要多方面地掌握他的信息，不同的人会在不同的场合选择性地发布一些观点，展示自己性格中的一面，但是一定不要把某一面当作他的全部。这其实是一种懒惰，我们要警惕这种懒惰让自己一着不慎，满盘皆输。

第五节　消化你吃的亏

利用吃过的亏

生活中不会有没吃过亏的人，只不过有的人吃亏后，会把不利的因素转化成有利的因素，而有的人则耿耿于怀，难以走出失败的阴影。

小李与小真是某一家公司请到的表演者。

小真因为跳舞拿过奖，备受重视，而小李的模仿表演并不够出众，她很重视接到的这个工作。

两个人都卖力表演，获得了认可，并且多次被邀请。

小李看出公司对小真的重视，于是每次在大家聚会的时候，都会刻意地挨着小真坐，有时候还会和小真说一些悄悄话，显得两人关系很亲密，其实小真听到的无非就是一些正常的话。

小真有时候到别的地方去演出，小李也会过去探望小真，而实际上只是去找一些工作人员散发自己的名片，给自己争取机会。

小真一直觉得小李的这些行为只是“小动作”，就没有放在心上。

终于有一天，公司不再邀请小真过来表演，小真也没有在乎。后来通过一个偶然的机会，小真才知道，原来小李背着她，向公司提出她们两个人要求涨价，而这根本就是子虚乌有的事情。原来是小李需要用钱，感觉自己一个人谈判胜算不大，于是假借捆绑小真给自己争取机会。

小真听到消息后，才意识到自己吃了一个哑巴亏，但她表面上不动声色，并没有质问小李。

小李觉得小真没心没肺，不会成为自己的竞争对手，就利用自己的关系，也为小真创造了很多机会，两人还是合作伙伴。

只不过有一天，当小李又要有小动作的时候，小真在她不防备的情况下，很体面地维护了自己的利益，令小李再也不敢小觑她。

小真并不是多么有名和有才华的人，但是她却有应对问题的智慧。她知道吃亏后哭叫喊闹都是无用的，要多找自己的原因，利用自己吃的亏，把它消化掉，然后才能提高自己看待和处理问题的能力。

主动找机会去赢

一个公司专项的项目小组有两个主要负责人小王和小林，他们在业务上承担了不同的角色，属于合作关系，并没有高低之分。

很多人提醒小林，说小王是个不厚道的人，眼中只有自己的利益，还能显得一切都很自然。

小林听了大家的话，知道这不是空穴来风，但也只是笑笑，没有表态。

项目合作中，小林的团队承担的是最艰苦的数据收集的工作。小林带领团队任劳任怨完成工作，将数据反馈给小王，并提供了自己对数据的看法和建议。小王表示他会再次对数据进行分析，做出工作报告，一起展示项目。

工作顺利进行着，直到两人负责的第一阶段的工作结束，需要开会给领导汇报结果。小王表示自己做工作汇报，关键处会请小林补充。

当然，两人都知道，虽然属于一个项目小组，但是领导层对预算资金、人员分配是有可能不同的，小王有把握展示出自己带领的团队在该项目中的重要性。

开会的时候，小王果然很有风采，谈吐干练，肢体语言的运用更是为报告增色不少，不过他一个人滔滔不绝，丝毫没有给小林发言的机会。

等到看数据推理的时候，为了不落人话柄，小王随口提了一句小林的名字，仅仅说数据这部分工作由小林主抓。

就在此时，没想到，小林却镇定地站了起来补充发言，小王一时有点没有反应过来。

小林沉稳地表示：“数据表格中有三个关键点，由我给各位领导汇报一下思路。”紧接着，小林就开始条理清晰地分析数据。

听到小林汇报数据的时候，小王才由开始的错愕转移到佩服，他没有想到数据中有那么多的门道，而在工作交接的时候，小林说的那些毫无建树的套话根本就不足以代表小林的水平。

小林讲完之后，接着说：“数据分析结束，接下来的解决方案依然请我的同事汇报。”

汇报的会议开完，领导们非常满意，也认为项目发言安排得非常科学，对两个工作团队和两位主管提出了表扬，并且在接下来第二个阶段的资金分配上，给予了两个主管同样高的一笔资金预算。

这就是小王和小林在职场中的不同的态度和不同的做事手法。

不给别人做坏人的机会

在上述案例中，表面上看小王精明、敢争、不怕得罪人。小林一出场，却并未给人这种强势的感觉。

小王对小林毫无忌惮，以为整个局面都在自己的掌握之中。殊不知，在汇报工作的过程中，小林的一次亮剑，让小王知道自己看人的眼光并不准。

小林为人处世很成熟的三大优势：

第一，有人来告诉他提防小王的时候，他没有人云亦云、说人是非，更没有反对有可能是怀着善意来提醒他的人，没有明确表态就是一种延迟判断的成熟。

第二，他能够抓住机会，更确切地说，他早已为自己制造了机会。不论小王是什么样的人，他都要做一个成熟的人。他对数据的专业判断本来就不应该在闲聊，或者在同事面前好为人师，用于自我卖弄。小王根本不知道小林留了一手，小王对于数据当然没有小林那么精深，小林的低调让自己多了筹码，汇报工作的时候，小王自然无法抢功，小林抓住合适时机，自然地站起来补充方案，显得稳重又自然。

第三，小林不但有能力制服小王，还能够在局面上礼让小王。他并没有像小王那样只顾自己发言，而是合理补充了自己的部分后，再次把“话筒”又“传棒”给小王，礼让得体。

小林轻轻松松就“收拾”了小王，让小王没有机会抢功，也不敢小觑他。

有的人收拾不了“脸厚心黑”的人，只能在背后评论对方“口蜜腹剑”“脸厚心黑”“心狠手辣”，靠语言上的暴力达到内心的平衡。

在生活中遇到的大部分人，都没有以上词汇中所表现的那么阴险可怕，当我们观察到别人不足的时候，不应该停留在无数次的指责批判上，因为指责批判别人并不能够真正帮助我们自己成长。

不妨认真思考对策，让自己找到合适的方法，你遇到的所有人就能回归到他本来的样子，你的技能越高，你越会发现，你以为的坏人也没那么坏。

第六节　搞清对方如何抓住你

一不小心就掉进了陷阱

小丽工作努力，与同事的关系处理得也很愉快。公司打算集中在某个地区成立一个小组，就让部分员工竞聘一个负责人，主抓业务。

芸姐和小丽在单位资历、背景、业绩差不太多，在业务上也很努力，做事谨慎，只是在同事关系上偏冷淡。

此次竞聘，肯定会在她们两个人中选出一个来负责，另一个来辅助。小丽认为自己机会很大，也开始准备竞选资料。一天下班的时候，外面下雨了，芸姐一脸愁容地问小丽，自己没带伞，能不能将自己送到地铁站。

小丽是个很重视同事关系的人，她立即爽快答应了。直到芸姐上了地铁后，小丽才开始往自己家里赶。

第二天，芸姐请小丽吃饭，以表示谢意。小丽觉得芸姐既然真心邀请，也就没客气。

吃饭的时候，芸姐和小丽聊起了生活和家庭的事情。她讲到自己在家里的处境很不如意，例如，工作太忙总是没有多少时间陪家人。接着，芸姐顺便又问了问小丽男朋友的情况，小丽也没有隐瞒，说男友在国外，聚少离多。芸姐以过来人的经验提醒小丽不要听什么“距离产生美”，要经常和男友保持联系，合适的距离才能产生美，否则距离太远，美就没了。

听到芸姐说“距离太远，美就没了”，小丽由衷地笑了，觉得她说话很活泼也很有意思。一顿饭吃完，小丽觉得芸姐私下是个很热心的人，虽然她在单位很少和大家说话，那也是因为工作太忙没有时间交流。

竞聘结束后，芸姐成功当选负责人。正当小丽心里有些失落的时候，芸姐又邀请大家聚餐。聚餐的时候，芸姐真诚地说：“也许因为我比大家年长几岁，工作的时间也稍微长一些，所以领导觉得我能够更好地为大家服务。在工作中，我还要向大家学习，尤其是小丽，希望你能帮助我。”

看到芸姐的大度和真诚，小丽当场就表态一定和大家共同努力，把团队的业务做好。

这个案例看起来皆大欢喜，小丽不会发现自己的失误在哪里。然而，我们在生活中也常常是当局者迷。

事情的真相是，芸姐不但给领导递交了竞聘的材料，还看似无意地聊起了小丽最近心情不太好，随时都有可能出国与男友一起生活。

领导明知道芸姐这么做未必体面，但还是能在芸姐的老练中发现小丽的不成熟。如果芸姐说的是真的，小丽将来有可能出国生活，公司当然不能把她放到重要位置栽培；如果芸姐说的未必是真的，小丽也不该随便与同事提及私事，更不能在敏感时期聊感情生活而导致自己不能全心投入竞聘的事务中。

小丽很冤枉，却也存在思维的误区：在她看来，她以为自己帮了芸姐，芸姐自然就会对自己有善意。芸姐对自己心怀善意，才会对自己倾诉私事，自己才把不该说的事情也透露给了芸姐。

从人与人的交往来说，我们都喜欢交往善良的人，然而想在复杂的世事中做一个善良的人，你需要看透别人的复杂，立体地去观察一个人和思考一件事。

例如，小丽完全可以想到，芸姐为何一反常态地请她帮忙？也许这并不偶然。我们要学会多面思考，别人帮你的时候，你会放松对一个人的戒心。反过来看，你帮了别人，你更会放低戒心，因为你以为别人会感激。但事实未必如此。

芸姐聊到的私事无伤大局，小丽也可以回复一些常态的生活信息，但小丽因为缺乏对别人的戒心，提到了自己的隐私，无形中给自己造成了麻烦。

最后我们还能看到芸姐做事的老练，从任何方面来看，她都没有刻意去布局或者陷害同事，却得到了自己想要的。在心智上，小丽要走的路还很长，需要磨炼才能学会驾驭事态。

认可别人是最简单的控制

一辆超级豪车停到了门口。很多人都在看，有的人围近看，有的人远远地看。只有一个人上前与开车的人交谈，聊起了车的性能等各方面的问题。想不到的是，两个人最后互相交换了名片。

很多人看到豪车遥遥赞叹，担心上前搭讪会遭遇白眼或者冷淡对待。只有起身行动的这个人，才真正满足了对方的心理。要知道开出这样炫目的车，车主是多想为这辆车说上几句。

当一个人说自己想说的话，并说到很兴奋的状态下，会把倾听的人也看得很美好，留个联系方式也就不奇怪了。

这就是认可别人的价值，你很简单地付出，就能有所收获。

正如有的时候，我们要学会对人表达一种好感，就像有些女性被男性追求，无论这个男人为她付出再多，都不容易产生感情，而往往女人的一句“你是个好人”，就足够俘虏对方。

在生活中，很多理性的事情其实都是以非理性的方式解决的。

例如，你的供货商想要加价，你当然要有理由提出反驳的意见，这是从理性上的应对。如果你再对他说一句：“我知道你是个好人，也并不是来为难我，但是我的情况需要你的理解。”

对方的心就会变柔软，情绪也会由对立转化为“适当地为你着想”。

不要小看对方在心理上的这一点柔软，当你把一个人往积极的方面引导的时候，你所要解决的事情就会变得积极起来。

能力强大才能控制全局

无论我们有多么会洞察他人的内心，都要记得这一切都要回到一点上——要完善和发展自己，建立自己交际的筹码。

小雪非常会处理人际关系，她的领导王总却非如此。小雪的客户李女士性格孤僻，小雪特别懂得怎么打开李女士的心扉，赢得她的信任。在一次偶然的接触中，王总和李女士发生了激烈的争执。小雪为了和王总保持一致，后来对李女士的态度也冷淡了。

没想到王总却批评了小雪：为什么不稳固好李女士这个大客户，这关乎我们团队的业绩。

小雪这才发现，王总不懂得如何与李女士打交道，是他不需要学会如何同她沟通。而自己在能力尚不足以带领团队，或者还没有很多客户资源的时候，李女士就是一个无比珍贵的客户。李女士对于她和王总的意义完全不一样。

当一个人能力足够强大的时候，才能够站在一定的高度上控制全局。否则，必须一面提高自己的交际能力，一面抓紧时间充实自己的内心和头脑。

试想一名女性高管休完产假再回公司，发现她的很多手下在她不在的时候，也把工作做得很好，她一方面很欣慰，另一方面也可能会出现危机感。毕竟时间对每个人都是公平的，一家大公司的高管如果不能与企业和时代同步发展，她即使位居高处也会如履薄冰。

这就要求每个人都要学会在工作中不停地成长，在不同的项目中历练自己，与不同的人打交道锻炼自己驾驭事情的能力。这样的能力，不太容易随着某一个产假，或者其他的事情而贬值。

第七节　让对方感觉到强大

你把对方变强大

人们很容易认定自己最重要，希望让自己站在一个高点上，可以强势地支使别人，让别人能够执行自己的想法。

每个人都有可能认为自己是强者，成为强者是人们面对生活中诸多无奈的一种期待，很多男性产品的广告都是借助产品传递一种感觉给对方，让对方感觉拥有了这个产品，就会变得很强大。

例如，很多产品的 logo 都是虎、狼、狮子等图像，因为虎、狼、狮子都是力量感很强的动物。人人都想做强者，即使是一些看起来再普通不过的人。

你可以用两种方法赢得别人的亲近：一种是，你站到他面前，让他感觉你很强大，他相信你，支持你；另一种是，你站到他面前，让他感觉到自己强大，他愿意并有能力为你付出。你给一个普通人一点信任，和给一个牛人一点信任，在对方心中的分量是不一样的。

当我们遇到强者的时候，自然会尊重他们内心对自我强势的需求；当我们遇到弱者的时候，更要明白对方潜在的内心需求。你采用命令的方式让别人听你的，和你采取鼓励的态度让别人听你的，这两种方法的作用是完全不同的。

因此，不妨多给普通人一些鼓励，你的尊重就容易让对方感觉到他在变得强大，也容易让他被你驱动。尤其对于平时在一些事情上做不了主的人，更要给他尊重和机会，他虽然无法拍板一件事情，却可以对事情产生积极或者消极的影响。

例如，当弱势的一方提出一个尖锐的问题时，你要明白他未必就是对你有深仇大恨，他只是想证明自己的强，敌意没了，你就能淡然一笑。这种淡定，会让对方舒服，他会自信，自我感觉很好。

弱势的人也有天然优势

小董刚开始做业务就能迅速进入状态，发展势头迅猛，其能力远远超过同时段入职的小新。从利益的角度来看，小董当然没有必要和小新去刻意经营一种友好的关系，因为小董对小新一直属于“输出状态”，小新的太多问题都需要小董协助处理。难得的是，小董从未对小新有态度上的轻慢，即使他在帮助小新。小董的聪明之处就在于他的这份厚道，小新自然也发自内心地感激小董。

原以为小新对小董不会有什么用处，但是有的事情偏偏小新可以做到，小董就做不到。

他们两个人在同一部门，由于小董精明强干抢风头，部门中的另一位同事小王很不喜欢小董。小董对小王再怎么表示友好，小王就是不买账。小王独创了一套对客户的数据分析法，可以事半功倍地完成一些工作。

每当有人请教小王的时候，小王总是很谦虚地表示没什么特别的，有人想看看他的数据，他也总表示他的表格里有客户的资料，不方便透露。

小王对小新却是一种无所谓的态度，小新表示想“见识一下”，小王就很得意地为小新展示一番，小新看了之后表示什么也没看懂，小王就大方地把资料和数据复制给小新。小新发现资料里根本没有什么客户名单和联系方式，就很热心地转发给了小董。

这份数据对小董的帮助很大。小董曾经去和小王要，但都被小王以各种借口拒绝了。

“无公害”的小新能做到的事情，是能力强大的小董怎么也做不到的。

因此，不妨留意一下那些你往往不在意的人，他们虽然没有你能干，但是他们拥有某种你并不具备的能力，这种能力也一定能在某个时刻展示出他的强大。

不被重视的人更需要尊重

年轻人小张是一名助理，他的领导对他十分信任。

有一次，领导接待了远道而来的客人，一位是陈老板，另一位是秘书。这位陈老板器宇轩昂，令人不可小觑，而女秘书迟小姐则穿着朴素，脸色暗沉，显得过于普通。

领导对这位陈老板也非常尊重，安排了丰盛的午餐。在接触的过程中，小张发现这位陈老板虽然气度不凡，但是对待迟小姐的态度却过于粗犷，外人一眼就能看明白这位秘书并没有得到陈老板的尊重。

午饭后，领导想安排参观一些地方，于是问两位客人，是否需要休息。

迟小姐脚下那一双将近10厘米的高跟鞋，让看到的人不禁心头一紧。但陈老板却说："我们没问题，不累，来一次，我们尽量多参观几个地方。"迟小姐也立即表示以陈老板为重，自己完全没有问题。就这样，迟小姐镇定自若地踩着高跟鞋陪同这位陈老板走了一下午难走的路，没有喊一句累。

晚上，小张的领导和陈老板外出有事，临上车之前，陈老板让迟小姐自己回宾馆。

出于对迟小姐的敬重，小张坚持把迟小姐请到了一家很有名的餐厅，从私人角度请迟小姐吃饭。他点了价格不菲的女士菜品款待迟小姐。言谈间，小张和迟小姐聊到陈老板的时候，迟小姐还是处处维护和尊重陈老板，不像很多人放松下来之后就谈吐随意以至于失礼。

第二天，这位陈老板与迟小姐离开，直到数年后，小张后来做了其他的工作，又与迟小姐相遇了。

只是，此时的迟小姐已经是陈老板的爱人。她能忍能容，一直跟随陈老板多年。后来，陈老板涉足自己不太擅长的行业，生意受挫，妻子也离他而去。而迟小姐依然不离不弃，她不但把自己的收入都拿出来，甚至向自己家所有的亲戚借钱来帮陈老板东山再起。当年迟小姐的这种行为在社会上所受到的非议、煎熬，甚至是羞辱，远不是几句话可以描述的。如今，太多的人羡慕样貌平平的她有家有业，却未必愿意知道她当年受到的苦。

难得的是，她想起曾经的年轻人小张对自己的敬重，不禁感慨，于是亲自出马，帮小张拿到了一笔不小的投资。

第八节　与其纠结对错，不如去找解决方案

有的错，换个角度就是对

常常听到有人说："他怎么能这么做，这根本就是用错误的方式在与我沟通。"每当这时候，我就会说如果对方已经错了，我们只能让自己找到一个对的方式来应对错误的局面。

还有的时候，会听到有人评价自己遇人不淑，对方是如何"虚伪""伪善"等，这时我也会提醒他，你既然明白自己遇到了这样的人，就应该赶紧变换自己的方式来应对这样的局面，而不是一味从道德上谴责对方。

生活中，谁不是从吃亏和醒悟中走过来的，如果一个人的电脑从来不设置密码，自己的方案被另一个同事偷走了，他只是跑到领导那里去闹，硬要领导相信方案是自己做的，硬要同事向自己道歉。而后，如果觉得自己在道德上赢了，下一次还是不给电

脑设置密码，谁还会同情他呢？

对与错本是相对的，有的错，换个角度来看就是对的。以职场为例，步入职场头三年的人，吃苦耐劳是换取经验和能力的手段。但是如果三年之后，还只是停留在吃苦耐劳阶段，就难免有点故步自封。你再能吃苦耐劳，拼得过二十几岁身体条件良好的人吗？

业务员小泉是所有人公认的业务骨干。他是农村人，带着本身的质朴、善良，以及吃苦耐劳的品质赢得了所有人的敬佩。小泉一直都不依靠别人，他靠自己开发小企业客户，别人拜访客户一次，他拜访三次；别人一天给几个潜在客户打电话，他每天给几十个潜在客户打电话；别人遇到烦心的客户敷衍了事，他不厌其烦地耐心解释。

小泉感动了所有人，从客户到同事，大家都很欣赏他。工作两年后，领导把一个大的客户资源交给他独立跟进，希望让他得到更大的锻炼。小泉很珍惜这次机会，对客户真心实意地服务。可是这个客户并不厚道，在探听了小泉所有的商业条件之后，最后居然选择与其他公司合作。

这件事情给小泉的打击不小，他不明白对方怎么居然可以这么做。在小泉看来，这个大客户是领导介绍给自己的，自然是靠谱的人，也就降低了防备心，才会把自己的合作底线透露给对方，以至于让对方掌握了所有的主动权。

在这件事情上，谁都明白善良的小泉遇到了本性不良的人，错是对方的，还有同事安慰小泉“别拿别人的错误惩罚自己”。但是因为这件事情，小泉的领导却让小泉暂时坐了冷板凳。于是又有人说这位领导也做错了，怎么能够这样挫伤员工的工作积极性，怎么这么不懂得管理的艺术？

每个人看问题的角度不同，小泉自己未必没错，领导也未必有错。

第一，小泉对客户的管控能力还没有达到一定水平。并不是所有客户都只有靠“诚心诚意”这一招就能够征服的。尤其是大客户，他们每天遇到的“诚心诚意”的人太多了，到最后，他们甚至也分辨不出遇到的人是本性如此，还是伪装成如此。当然，他们也没必要花时间去想这些，所以，他们不接受别人的好意，一切以利益为重。

第二，在领导看来，小泉之前的业务好，只是能够吸引同质化的人，但是如果考虑给小泉升职，他要面临的情况就复杂得多。他要面临不同的人，识破不同的局面。况且，如果让小泉管理团队，团队中的成员性格也是不同的，总之，他一个人要面临不同的客户和各种复杂的情况，而他还不够老练，就可能在尔虞我诈的客户关系中损失公司的利益。

第三，任何借口都不是借口，如果因为是领导介绍的客户，小泉就有理由降低防备心，那么更是他的不成熟。一个成熟的人，是面对所有的人都有不同的应对方法，却能保持统一的原则。如果商业底线能看人而定，盲目透露出去，那么，他会在工作中处处受制于人。

领导给小泉冷板凳未必是错，这对小泉来说，是个不错的反思机会。冷板凳也是领导对他报以信任，希望他好好反思自己。

好人需要更多的智慧

小时候把世界看得非黑即白，常常好奇好人为什么会遇到那么多挫折，或者为什么故事里的一些坏人变成好人之后，立即发挥不了什么大的作用了。

后来慢慢发现世界不是如此简单，好人看似最好做，因为评价标准可以变得简单，一件事情如何去做，按照别人要求做了就是好人，不做就不是好人。

生活要复杂得多，好人有时候并不好做，他需要更多的技能和智慧。好人得有更锐利的目光观察到别人的实质，才不会把自己的好意和善意给错了人；好人更得有当机立断的本领，当遇到一些来意不善的人的时候才能处理得干脆利索；等等。

给大家讲个例子：在一个开放式的办公环境中，电话铃响起来，找一个没有在工位上的同事。帮忙接电话的老王，知道对方是询问业务的，就立即把这个业务转给了自己。

老王这么做是对是错，他是好人还是坏人？根本就无从评判。

至于老王的发展究竟会怎么样，取决于公司的氛围，看公司是否认可狼性文化。如果老王的领导认为，手下员工一团和气，大家总是互相谦让，势必影响公司气势，那他的内心就不反对员工内部竞争。那么老王的行为即使在表面上得不到支持，他的收入也会有提高，或者还有升职的机会。

再举个例子，我曾听过有人这样抱怨他的领导："我申请调部门，不能与我们部门领导合作了，因为他就是个'刘备'，天天一副好说话的样子。每当我们部门被其他部门欺负时，他总是一副老好人的样子，这样的人，怎么值得跟随。他倒是装好人了，比我们还会妥协，我们跟着他能挣到什么呢！"

短短的几句话，提醒我们，在下属看来，剽悍的领导未必是坏人，这样的领导不好面子，关键时刻能够为了抢资源拍桌子，砸杯子，这样才具备一种权威感，令人产生信赖和安全感。

所以，这就要求一些好人要学习老王的这种拼劲，还要在有矛盾的时候迎头解决。

好人更要提高自己在社会上竞争的能力，别以为自己不争不抢就是道德高尚。在资源有限的时候，你淡定没有人会说你这是智慧，反而容易被认定是缺乏进取心，不能相时而动。

你要有自己的抗争原则

我们一直被灌输“退一步海阔天空，让三分心平气和”的思想。但是否要照着做，取决于我们碰到的是什么样的对手。

如果一个人总是挤压你，尤其在你的事业发展中，他就如同一块石头躺在你必经的路前。你有两个选择：第一，默默积攒自己的实力，让自己强大起来，当大石头变成小石块，你一脚迈过去，他就不再是你的障碍；第二，你花点时间把石头推开，哪怕会耗费你的时间和精力。但如果这块石头是块巨石，即使你花力气推，也一定推不动，那该怎么办呢？

这当然是一个比喻，放到现实生活中，我们会发现最后一种情况很常见，又很棘手。例如，你的同事打压你，你硬是要等自己十年后发展得更好了，再来处理这个问题，这是很不现实的。

遇到这种情况，不要心存侥幸，以为躲一次就什么事情也没有了，有时候原谅别人的错未必是真正的宽容。但是也不要在别人伤了你的情况下，去论证对错，想想看，如果打压你的人对公司的贡献比你大，领导更倚重他，还没有论及对错，你就已经输了。

遇到这样的强者你要坚持的就是自己的抗争原则，要看清楚自己与对方的力量悬殊，不要做妥协，也不要针锋相对。你只要保证自己按照一定原则做事即可。

第一，要保持长远的发展，任何时候自身的发展都是根本，不要惧怕资质一般，底子太差，要知道好习惯可以战胜一切。规划出一条对自己发展有利的路径，天天坚持下来，把发展自己当成习惯，当你自己感受到进步时，别人也会感受到，从而不敢小觑你。

第二，坚持一定的原则，不要动不动就和对方闹僵，学会忍三次，爆发一次。你连一点委屈都忍不下去，领导只会说你能力不够还不能顾全大局。所以，如果你忍三次，有理有据抗争一次，你就赢了。你的忍并不是宽容，而是给对方的错误增加严重性，领导会明白自己对强势员工再纵容就会伤及团队利益。

第三，观察他，学习他。向你的对手学习，说起来也没有那么难，你不必强迫自己一定要接触自己不欣赏的人，然而你可以默默地观察他在工作中的独到之处，观察他在利益面前怎么游刃有余地为自己争取。

有了这三个长中短三线并行的原则，你就会生出一种亲而难犯的气质。

第九节　延伸思考，走得更远

给人真正的好处

如果一个人穿戴着顶级名牌的衣服或挎着名牌包，出现在你的面前，而你根本就不认识这个名牌，对方会有什么反应？

如果对方感受不到，很有可能就会觉得在一个不认牌子的人面前，穿了再多的名牌，也是索然无味。

按照常理来说，价格不菲的东西永远是给一些少数的处于财富金字塔尖上的人使用。可是为什么这些普通大众根本就不了解也缺乏购买力的产品会做那么多广告呢？

大品牌靠征服大众，让大众知道和崇拜它的价格。只有别人知道了他们使用的物品在价格上的与众不同，似乎才能彰显他们的与众不同。有购买能力的人就可以通过购买，享受到一种心理上的优越感。简言之，他们通过改变大众来改变小众。

生活也是如此，你要延伸你的思维，产生的行为才能有效。

例如，你接受了一个服务人员对你耐心的服务，你一味地表扬他，他也只认为你很有礼貌。但是如果你想想看，他为什么把工作做得这么好？他的内心也是有需求的，他的职业发展也是渴望上升的。这样你就能明白，你在他面前表扬千句，不如在他的老板面前表扬他一句，因为这样才能让他真正地感受到你对他的回报。

再例如，你总让一个公司的负责人采购你的产品，总是对他示好，不妨想想他要的是什么？如果他是一个有事业追求的人，他不会在乎那些花里胡哨的奉承，他要的是对公司负责，他也希望用性价比高的产品得到公司的认可，体现自己的工作价值。

这些事例都在提醒我们，把思考延伸一下，替对方想得更远一些，你收获的才能更多。

走到最后的胜利者是“简单”的人

人们有时候会把自己伪装成一个与自己本身不同的人，例如，刚步入社会的年轻人，为了和周围人更好地融入一起，不得不把自己伪装得没有什么企图心。这样的伪装至少有两个弊病，第一是伪装得久了，企图心就真的没有了，第二是伪装毕竟不是真的，自己的言谈在别人的眼里难免滑稽。

有的女性愿意伪装自己没有企图心，为了让别人降低对自己的排斥感，会口头表示自己只是一个普通人，可是她周末从不陪家人，天天玩命加班，说她没有企图心谁信？

有的男性愿意把自己伪装得很有创业心，为了掩饰自己在事业上的平凡，似乎总会谈到自己“将来想创业”。可是他一有时间就消遣荒废，从不寻找创业项目，不多久就在别人的眼中变得很可笑，而自己却全然不知。

一个人想要真正地打动别人，技巧和方法固然重要，外在和内在的一致性也同样重要。不同场合你需要不断变换自己，但是没有必要表达和自己完全相反的言论。否则，只会让对方感觉到你对自己的认识还不够，或者你在小看别人的智商。

我有个朋友，她敢为了自己手下的员工与同级别的同事争论个是非曲直，甚至公司多位重量级的人出面，她依然不为所动。

一次见面，她聊到自己曾参加目前所在公司的10轮面试有多么复杂。我笑笑说：“对你来说，所有的复杂，在你面前都很简单。”

她的眼睛立即就亮了起来，问我为何这么认为。

我说，像你这样高的职位，简单真实地面对别人，将来才没有危险。

她笑着点点头，认可这句话说到了点子上。

原因就在于，职场中的基层员工伪装自己不需要付出大的代价，例如，有人在面试的时候就开始伪装，明明自己的气质与这家公司的企业文化不符合，却硬要说非常认可该公司的文化氛围，这样的结果是将来的工作中，如果处处与公司不一致，顶多离职换个公司。

但是对于朋友这样的高管来说，这种伪装就属于弄巧成拙。比如她明明擅长利用自己的人格魅力领导别人，她偏要把自己塑造成一个擅长用数据管理的人，她的描述与别人的认知不符合，她又在一个高管的位置，引发的矛盾和影响一定不小，那时，她再变动工作所付出的代价一定会很大。

人们有时候要伪装，却忘记了代价。例如，一个有企图心的人，平时伪装得与世无争，以此得到了大家的好感，但是他在需要与人激烈斗争的时候，如何能瞬间变成另一个人？即使他敢于与别人激烈地竞争，人们也不会认可这种竞争精神，而会觉得此人平时淡定，但是在一点点利益面前，就翻脸不认人，虚伪又可怕。

再例如，一个人明明对事业没有企图心，但是他的领导只给有事业心的人升职加薪，他不甘于落后，也对领导表达了自己想与公司一起做出一番事业的雄心。毋庸置疑，他说的这些话会得到领导的好感。可是，当领导要求他周末加班，要求他去做其他同事不想做的事情的时候，他可能就会忘记自己的表态，反而会抱怨，为什么领导只折腾自己一个人？这其实是因为他之前表达了事业心和雄心。既然如此，为什么不接受多做一点工作呢？

在不公平中发现公平

不抱怨当然是好事，但后来我感受到，抱怨的人正是不满足于现状、对自己还有期待、渴望别人引导的人，他们并不是无病呻吟地抱怨，而是确实对自己的职业生涯有困惑。

一个人大学毕业之前接受到的教育和他踏入社会看到的差别太大，心理上难以接受，容易对自己的价值观产生怀疑。一个人对自己的价值观感到怀疑和迷茫的时候，是一个很重要的时刻。他通过抱怨这样的方式提出了自己的疑问，本身就是渴望进步的一种表现。

小周在一家公司工作了两年，他不是因为不努力而抱怨工作，而是因为太努力工作却没有得到公司和领导的重视而抱怨。

小周从事的是与客户沟通的工作，工作量无法具体衡量。小周对待客户的意见向来都很认真，明明可以推脱的事情他也要多花力气沟通。小周的价值逐渐被周围的人所认识，小周也以为自己在公司中得到了一定程度的认可。

直到有一天，小周与业务员老王出现了严重的分歧。大体的情况是，老王在做业务的时候，为了拿下一个项目，给客户开了空头支票，大包大揽了很多事情。客户的单子是拿下了，但是后期很多事情根本无法履行，客户十分不满，老王就把这件事推给小周去沟通。

小周不认可老王的这种做法，而且有的问题涉及原则，小周觉得事情很严重，就向领导汇报了这件事情。小周以为领导会支持他，也不会认可老王的做法，哪知领导只是轻描淡写地说了一句："唉，老王做事就是考虑得不细。"然后话锋一转，说道："你不论采用任何方法，一定要把这个客户的不满情绪给安抚好。"

小周对领导的安排并不满意，但是他没有抱怨，还是投入到这件事情中，想方设法与其他同事沟通交流，终于化解了这个客户的愤怒。小周虽然不抱怨，但他也很聪明地给老王发了邮件，提醒老王，一个随口的承诺在后期会给自己的工作造成多大的困扰。

没想到过了一个月，小周又遭遇了同样的情况，而问题的制造者还是老王，小周再次找领导反馈，领导依然是打哈哈，并把这件难缠的事情又交给小周处理。小周终于感受到了领导对老王的偏袒。

小周对自己一直坚持的“一分耕耘一分收获”，产生了怀疑。

看看周围的同事，总是对客户采取拖延、强硬、装无辜等各种各样不负责任的态度，轻松地处理工作，并不像自己这么累！

在老王这件事情的处理上，因为他能够尽职尽责地把难缠的客户处理好，而后再有这样难缠的事情，就会经常被分配到自己头上。

为什么犯了错误的老王没有受到任何批评，而自己一直在这种不公平的事情中无法自拔。

面对小周的这些问题，我们很容易就会认为真的不公平。也会认为，这样的公司似乎就应该发展不好。用这种态度去想问题的人，虽然是心怀善意，却未必客观。

这件事情的公平之处在哪里呢？在于这家公司的发展阶段。公司自动选择了最适合当下发展阶段的员工，并给了他们最舒服的环境。我们换个角度来看待这个现象：

第一，别的同事偷懒能把客户的工作做好，这种方法未必就不是当下解决问题的方法。试想，一个刚起步的小公司，负责沟通客户的人员总共就没几个，如果每个人都像小周那么负责任，一整天沟通一个客户，不能快速解决问题，那么，这么多客户如何安排和协调好？

第二，小周对待老王的客户能够处理好，这其中并没有特别高的技术含量。所以，小周既然适合长期沟通一个复杂客户，而其他同事适合沟通多个简单客户。在同样的工作时间下，每个人选择了自己能够处理的客户，领导才把不同的客户分配给不同的人。

第三，小周和老王的矛盾也要看公司的需求和倾向。当一个小公司在高速发展的阶段，“萝卜快了不洗泥”，老王直接拉来客户创造效益。那么，小周的工作性质就是负责后期沟通的工作，在公司追求效益的情况下，公司当然会偏向老王。

综上，小周在公司中的角色更像是《西游记》中的沙僧，他没有猴子“大王”的机灵，又没有八戒“懒同事”的好福气，他不会表现自己更不会提要求。在这种情况下，他的领导即使感受到了他的辛苦也会装看不见，因为职场上的“沙僧”太多了，公司通常也不会挽留。

而且，这里要特别补充的一点是，这并不是提倡公司这种行为，只是提醒大家，有一些现实情况不如自己所愿，也让人不能理解，但是存在的就是合理的。例如，小周的老板有可能只追求在自己任职的这段时间，公司效益好就可以，未必一定要走长远发展的道路。

那么小周如何才能处理好自己的问题呢？从心理建设上来说，小周要认可这种不公平中的公平，然后采用如下方法，打好反击战：

第一，要看自己最想要什么。小周如果对自己的职业期待并不高，并且还希望继续在这个环境中生活，就要学会接受公司发展的现状。要意识到他和其他同事都是在同样的工作时间内工作，只是工作方法和方式不同。

第二，如果小周喜欢和热爱自己的工作，他对自己的生活也有一定的追求，想靠自己的能力改变周围环境，那不妨做一个其他同事没有做的事情来提高自己的位置，让自己的决定权更大。建议小周把客户沟通过程中的问题，进行一定的归纳和总结。这样小周就为公司保留了珍贵的经验，凸显了他与众不同的价值，就有可能在本公司内给自己争取到升职的机会。

第三，小周有更大的雄心，他希望自己在任何环境下，都有处理和应对问题的方法。那么，小周不但接受事实，更可以利用看清的事实，为自己所用。既然公司重视业务，小周可以争取转岗。试想，他从事了很久的与客户打交道的工作，对客户的需求、情绪、心理，都有一定的把握，如果能够利用自己的积累，再结合专业业务的学习，他的职业生涯也许就会有新窗口！

第十节 眼光平了，看人才准

从对方的表现中寻找规律

小叮是一位名人的助理，她把这份工作做得得心应手，重要的是，她看起来又是那么随意和轻松。

小叮要替老板去拜访另一位老板的助理陈女士。小叮穿得很简单，陈女士却一身名牌，显得很干练。从表面看，小叮似乎就输了，但小叮就这样挂着她招牌似的笑容和陈女士聊起了相关的工作。

这件事情很妙的是，小叮的简单看起来是没有心机，所以陈女士问的关键问题，小叮都没有回答。在陈女士看起来，面前这个女孩做事有点不分重点，表达能力也不够强，对老板也毫无驾驭能力。当陈女士问小叮她老板近期是否在约谈新项目的时候，小叮居然一脸迷茫地说，她并不知道老板的动向，因为老板有什么事情都是突然告诉她，她的信息有时候还没有外界人知道得快，了解得多。有时候老板都出国旅游了，她都没有得到消息。

而陈女士就是在认真谈工作，小叮问的问题，她都认真回答。例如，小叮问起陈女士的老板是否觉得有机会让两个老板合作。大家想想看，穿着一身名牌，说话干练的陈女士可能说“我没办法知道，我也不清楚”吗？陈女士当然有逻辑、有条理地表达了自己这方的情况和自己的看法。

见面之后，陈女士基本上对小叮感到失望，她不明白这位名人的助理为什么看起来“那么弱”，完全不够职业化。

而小叮回到单位后一丝不苟地向老板汇报了自己了解的情况，这些是陈女士看不到和想象不到的！

听起来就是这么简单，可是真正能做到小叮的那种状态就非常不容易了，或者说当你真的面对一个小叮那样的人的时候，你很难意识到对方绝不简单。

在我们与一个人刚接触的时候，当你从心理上轻视对方，觉得自己比他聪明，比他有头脑，比他会表达，比他职业化……在这样的心理下，怎么还有机会发现对方的另一面，怎么还能想到一个比你弱的人，其实把你的一切都计算到了他的计划里。

不要小看那些看起来没什么的人，他们照样能把一件事情办得十分漂亮，甚至让你在短期之内都觉察不出来。

同时，在我们去约谈对方的时候，也没有必要把自己包装得过于完美和商业化。有时候，恰到好处地留一些破绽，透露一些无伤大雅的信息，对方反而容易放松对你的戒备，这样你才有机会听到他说一些重要的信息。

看到对方真正需要什么

一位曾经帮助过我的长者李老师退休了。以往每逢重要的节日，我都会提前打个电话问候一下，如果李老师在家，我会备好礼物去他家小坐片刻。尤其是他退休后，我去的次数反而比以往更多了些。

有一次，我去看望李老师的时候，还有另一个人在，是同来看望李老师的王先生。我与王先生第一次见面，但言语间听得出来，他也曾得到过李老师的帮助，也趁着节日过来看望一下李老师。

我们三个人坐在沙发上聊天。李老师退休后，少了以往的威严，坐在红木沙发上的他似乎也没有以前那么挺拔。这也许就是退休生活形成的一种休闲的习惯和神态。

李老师随口聊起了自己的一个侄子的事情，说他的这个侄子一心想放弃国内辛苦拼搏得来的一切，要出国学习，而出国去学什么做什么，至今还没有明确的想法。李老师说道：“年轻人有志气还是很好的，出去增加一些阅历也不错，但是不能摸不清情况，就盲目走出去。”

王先生接下了这个话题，说起自己在国外的一些趣事，并且时不时地还对李老师说：“不用担心，他要是去了国外，我在国外有朋友。如果是去美国，我还有些很铁的朋友在硅谷，可以带他去参观，当然，您得提醒他，去国外旅游没问题，如果是想去国外生存、生活下来，那么，必须要有一技之长。国外的人是不讲究关系的，所以他应该先去国外，看最想做什么，然后再规划……”

王先生说这些话的时候，我看到李老师的脸色虽然如常，但是眼神中没有了亲切，表情也严肃起来，我赶紧岔开了话题。

可是过了一会儿王先生似乎又想起来这个话题了，他突然就问李老师要他侄子的手机号码，说留着号码以便将来互相帮忙。李老师很客气又很冷漠地说，不用着急，再说吧。李老师当然没有给电话，到那天离开的时候，我听到李老师对王先生说了类似“工作太忙，以后就不用总惦记着过来看我了”这样的话。根据我对李老师的了解，他并非是在说客气话，而是真的有一种态度在其中。

每个人都容易以自我为中心，也容易按照自己的逻辑去说话，这样难免会带出一种居高临下的态度。李老师是一个很威严的人，也许退休后会产生一丝难得的平易近人的态度，但是，你判断不了他的内心是否已经完全适应了这种变化，也不能肯定他的心里是否还有一些失落。所以，当一个人发生转变的时候，就处于一个接触过程中的微妙期。只有通过更多的细节和言行来判断好对方的状态，才不会触碰对方的禁忌。

如果在以前，王先生在李老师面前“好为人师”“自我表现”，仅仅表明他的性格就是如此，可是在李老师刚退休的敏感期，他的一些过当的行为很容易让人产生一种不尊重的感觉。正如你站在一个很重要的人的面前，还能如此放松和随意吗？王先生过于表现自己在国外的某些能力，在某种程度上是炫耀了自己的优越。

况且，李老师并不想让自己的侄子出国，王先生从根本上就忽略了李老师的倾向。即使李老师想安排自己的侄子出国，王先生也没必要以一副过来人的口气给李老师传授经验、指导迷津。

李老师对他人从无所求，有时我在不打扰他安静生活的情况下，过去探望他，我知道他也不需要你带什么名贵物品。再威严的人，终究也是一位老人，他有着普通老人情感上的需求，他需要的仅仅就是倾听，有人愿意听听他的人生体会，听听他对社会的看法，甚至有时候听一听这位老人讲讲自己的过往辉煌，这并不难。可是，有时候就是被忽视了，给错了他想要的东西。

看人不在一时，长远才能有定论

有些挫折对于自己来说是很难堪的事情，会想象别人如何看自己，担心别人对自己形成不好的印象。

可是，从旁观者的角度看待一件事情，就会发现，别人不会把你的事情当成一个大事情，你也不是别人的整个世界。就算是政坛名流，想要得到别人持续的关注都很难，何况是普通人？

普通人在挫折里要迅速成长起来，还要把自己的目光放长远。想想看，如果你看到一个人，曾经很失败，但是今天他重新站了起来，活得很风光，你会怎么看？当然觉得他是一个强者。你有可能遗忘了他过去的狼狈，还有可能为他的崛起而感动。反之，如果一个人过去很成功，当下很艰辛，你也很难把现在的他等同于过去的他。

我认识一位长者，他从木材生意转移到金属生意，赔光了自己积累多年的大部分资产。我和几个朋友也会一起去看他，听他讲他的人生体会，他在我们小辈面前，不经意谈起对一些事情的看法，还是能令人受益。后来，不知道从什么时候起，这位长者开始主动提起他当年的挫折，他常常感叹人的命运，说一些悲观的感叹时运的话，让人觉得尴尬。逐渐地，探望他的年轻人越来越少了。毕竟探望他的人并不是想听这些悲观的话，而是要听他的人生经验。他人生的坎坷与探望他的人没有关系，大家听了之后，未必能理解他的感受，反而增添了人与人之间的距离感。

直到上一次，我探望他的时候，听到了一件非常令人欣喜的事情，这位长者又开始创业了，在他要步入晚年的时候，重新出发。他讲到一件非常兴奋的事情，那就是他帮助客户搬了整箱的红酒上楼，他说没想到自己到了这样的岁数，还能有这样的体力。

同样的一件事情，如何解读是很关键的，听他讲这些话，谁会觉得需要同情一个老人的吃力和辛酸。看到他神采飞扬地讲起这件事，谁还会在乎他重新创业到底能赚多少钱。相反的是，听他的故事，我们感受到了一个人不向命运低头的力量，他总能在任何时刻清零自己，重新出发。而且，他能高能低，一个曾被人前呼后拥的人，亲自撸起袖子，帮客户搬运整箱的货物，这种爆发力值得尊敬和学习。

这也提醒我们，要随时站在旁观者的角度看看自己，每个人都会遇到挫折，但一定不要把挫折当成失败，先处理好自己的负面情绪，再去处理好人生的困境和问题，生活的转机随后就会到来！

下篇 一手炼品德，一手炼手段

第一节　警惕危险的另一面

别用美德伤害别人

人们很容易看到自己的美德，同时也愿意在生活中强化自己的美德。然而，有谁会注意去反思和提防自己的美德呢？

很早的时候看《老残游记》，觉得角度新颖，但当时并没有意识到这是一本生活的大书，例如在书里面，写了两个“清官”：玉贤和刚弼。

“办盗能吏”玉贤，上任未到一年，就用站笼刑罚站死了2000多人。民众于朝栋一家因和强盗结怨被栽赃，玉贤不加调查就将于家父子三口站死在笼里。案情大白后，他怕断送自己的前程，竟放走强盗，造成假象。

另一位“清官”刚弼，刚愎自用，主观臆断，滥施酷刑，在审讯贾家13条人命案时，对魏氏父女严刑逼供，铸成骇人听闻的冤案。

书中立意更是精警——“赃官可恨，人人知之。清官尤可恨，人多不知。盖赃官自知有病，不敢公然为非，清官则自以为不要钱，何所不可？刚愎自用，小则杀人，大则误国。”

生活中也是如此，当一个人站在道德制高点的时候，如果他又有很大的能力，那么他做事稍有不慎，就会给别人造成伤害。这也要求我们不要用自己的美德去苛刻地要求别人。

王经理工作多年，可是，在他手下的业务员总是超不过两年就坚决表示要离开他的部门。公司高层一直在给王经理机会，期望他的管理能力能再上一个层次。王经理也很想带出自己的固定团队，于是有管理培训的课，他都会自费去学习。

经过多次学习，他还是没有发现自己在管理上有什么问题。他知道，要想成为一个好的团队带头人，以身作则比什么都重要。所以，他从来都是严格要求自己，做到了下属都没有做到的自律和勤勉。

可是让王经理郁闷的是，并不是自己这么做了，下属就一定会照着做。例如，有一次，业务员小丽来单位上班，一进屋，大家就发现她手上拎着一只价格不菲的名牌包。这时，有人就凑过来问小丽：“你男朋友给你买的？”小丽赶紧说：“不是，不是。”大家更加好奇了，再三追问，于是小丽就压低声音说了一句“陈先生的太太送给我的”。

小丽的话被王经理听到了，王经理觉得小丽太不懂事。于是，他当着所有人的面，严厉地批评小丽："要注意与客户保持距离，注意做事的分寸，不要随意接受客户的礼物！”年轻的小丽当时就落了眼泪，第二天，她就申请调换部门。

这让王经理非常下不了台，令他更不能理解的是，凭什么小丽敢理直气壮地用调部门这样的行为反抗自己！为什么这些做错事的人，能毫无愧色地面对自己！王经理把这件事情写成了邮件反馈给有关领导，在他看来，小丽一定会被辞退。意外的是，小丽居然成功换了部门，而且，工作业绩还非常不错。每当两个人在公司里迎面走过的时候，小丽从不和王经理打招呼，冷漠的表情让王经理特别难堪。

其实，“凡事讲原则”的王经理未必真的了解小丽的处境。小丽作为一个貌美的女孩，与客户陈先生业务往来密切，而这个包并不是陈先生送的，是陈太太送的。向来对陈先生看得很紧的陈太太送小丽名牌包，这种示好很微妙，如果小丽不收下这个包，反而显得与陈太太见外。

小丽拿到包之后并没有到处炫耀，她自己也知道有不妥之处，只是那天上班的时候，她约了陈先生见面，但担心陈太太也会在场，所以刻意换了这个名牌包。

当同事问起包是谁送的时候，善良又不愿意说谎的小丽回答了同事。也许小丽的回答有些冒失，如果再成熟一些，她可以低头一笑而过。

所以，当一个人发现自己做错的时候要检讨自己，当我们觉得自己正确，认为别人犯了错误的时候，更要学会给别人机会，要先弄清楚情况再合理沟通，尽量不要去指责他人。因为总有一些细节和事情，有可能是我们并不知道的，而这些细节决定了一件看起来不合理的事情具备充足的合理性。

看大势，随形势

多年前，我有一个同事，他的优秀让与之共事的人或多或少会感受到压力，例如，领导给大家安排一件事情，他做出来的总会胜人一筹。当然这一切也不是他天生的，他总是比大家更用心，无论是去安排一个会议还是去做一个表格。

领导有意重用他，单位内部的很多通知都交给他来办，而且因为他是个特别认真的人，其他一些重要的事情也交给他来处理，领导也乐得清闲。

有个微妙的情况是，通常领导出去见重要的人，都会带着其他同事，而不会带上他，这个同事似乎也并不愿意和部门外部的人打交道，这种社交的压力也许源于他的生活状况。这位同事生活得非常不容易，他的老家在经济不发达的地方，父母为了供他上大学吃了不少苦。所以这位同事的大部分收入都贴补了家人，自己过得和我们有很大的差距。

一次部门组织外出交流学习，忙了一整天，大家晚上和领导一起找了个特色餐厅吃饭，席间其乐融融，非常愉快，氛围非常放松。晚饭结束后，大家就一起回酒店休息。

我和领导同时走出包间结账的时候，领导说了一声："哦，我的烟忘了拿了，我回去拿一下。"后来他就走了，等一会儿出来的时候，他的脸色不太好，我猜测也许是领导的烟被服务员收走了，也没有多问。

回到酒店我就忘记了这个小插曲。直到过了几天，我的这个同事随口问了我一个问题，我才瞬间想起了那晚在饭店的细节。他问："邮局能邮寄香烟吗？"我随口说："那可能得看邮寄多少吧，你明天去了邮局再问问。"他说："就半盒×××（香烟品牌），应该可以吧？"

这个牌子的烟价格不菲，而且是我们领导一直抽的烟，我这才想到领导回去可能看到了什么，也感受到从那一次出差回来，领导对他的态度的疏远。其实坦率地说，我的领导是个大度却又敏感的人，大度在于很多事情他从来都是装作看不见，对下属的小错误从不刻意责备。可在你和他的接触中，很多话和行为还是要留心，不要因为他的大度就大大咧咧不注意分寸，这样很可能会引起他的不快。

我们假设一下当晚的情形，领导回去找烟的时候，发现我的同事正把领导的半盒香烟往口袋里放。领导肯定不会多说什么，但是他心里会怎么想。他当然也不会把我的同事当成小偷，但是这个行为一定会让他不舒服，因为这是他落下的东西，一个维护他的下属一定会还给他。

这个领导的抽烟习惯就是往往抽三口烟，就不抽了。他的这种习惯多次被我的同事说成太浪费了，然而这和其他人是没有任何关系的。说得夸张一点，你不能因为一个人为自己花钱大手大脚，就觉得你也可以把他的钱不当回事。

我的同事因为这点小便宜让领导对他的态度发生了根本性的变化。他也因为不能跟着我们单位环境的氛围走，在大家自发活动的时候总是缺席，严重限制了他的发展，而他越来越缺席，在我们大家伙的心里就真的缺席了，浪费了他的好底子和天赋。

好老板有时正是坏老板

小丽的运气好，她遇到了一个好老板，工作了一段时间，老板从来没有对她发过脾气。更有意思的是，当她和老板遇到一些小分歧的时候，老板还会迁就她。每当小丽家人或朋友有事的时候，她只要向老板开口请假，一般情况下老板都会答应。

小丽也很满足自己的工作状况，开始的时候她也觉得是自己运气好，遇到了好老板。后来慢慢地，她就不这么想了，她开始总结自己的优势，老板之所以对她这么耐心，那是因为自己工作有独到的一面，例如，小丽帮老板安排行程，就没有出过什么错。小丽也了解老板的工作节奏，总是能适时地帮领导订餐，安排生活中的琐事。还有，小丽给领导打印材料和收发文件也没有出过错误。小丽把自己的这种能力称作核心竞争力，并且总结这种核心竞争力叫作仔细。

小丽在工作中顺心顺意，从来也没想到换岗位和跳槽，老板对她也非常好。直到有一天，她知道了一件大事，那就是老板要移民了，会拿出一段时间处理好公司的事情，然后开始新的人生计划。

小丽一听到这个消息就蒙了，她感谢自己遇到了一个好老板，但是她从来也没想到老板会突然有这么大的变动。老板最后一次见她的时候，小丽落了泪，她缓缓地说道，也不知道以后能不能再遇到这么好的老板了。老板只是笑笑，没有多说什么就离开了。

后来，小丽很容易就找到了工作，但是工作状况屡屡不顺，她认为自己能力不错，就是再也遇不到对的老板了。

其实，遇不到对的人，不是别人错了，有可能是自己一开始就错了。当我们遇到一个性格不好的老板的时候，我们会非常警惕；当我们遇到一个性格很好的老板的时候，我们往往看不到其中存在的危险。

想想看，老板对你再好，但他的世界和你的世界是不一样的，你依然要持续地锻炼自己的能力，而老板即使什么都不干，他的财产也足以让自己支撑下去，所以老板能够移民。小丽这么多年都没有居安思危，正是因为老板的“好”纵容了她的懒惰。

第二节　长心眼，不长能力

过于玲珑反而变弱势

小钟毕业刚工作一年，她对自己很满意，觉得自己比老员工都会看脸色。领导喜欢什么，讨厌什么，她都能猜到，每每验证，又果然如此。相比而言，和她同时入职的小马就逊色太多，他做人刻板，不够灵活。

有一次，领导给两个人机会与别的公司谈合作。小钟很兴奋，她觉得自己终于可以发挥善于与人打交道的能力了。

与对方的负责人小丁第一次见面，小钟就觉得自己可以谈下一个好价格。因为她看到小丁的风格和作风，马上知道小丁喜欢些什么，于是就准备了礼物送给小丁，迅速拉近了和小丁之间的距离。小丁也表示愿意与小钟合作，没到半个月，这项工作任务就完成了。

因为小马在业务推进过程中没有起到什么作用，小钟更加认定自己的工作能力比木讷的小马要强。

半年后，与小钟对接业务的小丁调离了岗位，对方主管业务的人换成了老王。小钟还是先请老王吃饭，摸索老王的兴趣爱好。可是老王口风很紧，除了谈工作，其他个人的事情并不愿意多谈，偶尔提及个人的事也只是点到为止。老王倒是会询问一些法务、报价上的细节问题，小钟答不上来。

就在这时候，小马的优势明显地展现了出来，小钟没想到第一次见面吃饭，小马居然就带了工作资料过来。当老王问起一个细节的时候，小马利落地从随身带的包里拿出了一沓资料给老王过目。老王看着资料频频点头，有一些疑问的地方，小马也会跟进解释，并且分析了自己的公司与其他公司之间的差别。

仅仅是第一次见面，老王就对小马表示继续合作没有问题。

在这个案例中，我们能看到小钟和小马的工作方式和价值观是不同的，小钟的工作思路是考虑谈业务的人喜欢什么，而小马则是思考对方公司需要什么。小钟可以嘲笑小马不够灵活，但是小马却一路走得很稳。

也许正因为小马的不够灵活，使他更专注于业务能力的提升，所以脚下的路更踏实。试想，当一个大合作出现的时候，如果你是两人的老板，让谁去谈事情你会更安心？

遇事有静气是能力

小张和小李是同一家公司的两名业务能手，公司到年底会选择一个业务能力高的人重点培养。直到年底的时候，两个人累积的业绩还是不相上下。

小李显然更着急，一想到公司能给自己更多的资源，还有升职带团队的机会，他就开始搜寻自己的大客户。有一天，有客户向小李表示了合作意向，小李觉得机会来了。于是在还没有完全考虑对方的购买能力、对方公司是否正规等一系列情况下，他就把对方当作潜在大客户重点开发，进行了多次细节上的沟通。可是就在最后要签合同的时候，小李才发现对方公司本身有很大的问题。这次合作当然没有成功，不但没有创造业绩，还差点造成损失。小张则依然保持自己的节奏，当然业绩也没有在最后时期有所突破。

如果你是公司的管理者，你会选择谁来重点培养？大部分的人还是倾向于选择遇事有静气的人，因为当一个人在面对激烈竞争的时候，如果内心依然能够保持冷静，保持自己做事该有的节奏的时候，这个人会散发出一种很强的力量，能给人踏实和安全感。

要培养自己的静气，就要学会把自己看得最重的东西轻轻地放在手中。当你把一件事情当作救命稻草的时候，你容易被情势所迫，自乱阵脚。要记住，无论什么情况下，做正确的事才是最重要的事。

靠担心解决不了事

西方有条很有名的墨菲定律，越是担心的事情越会发生：爱德华·墨菲是美国的一位工程师。他曾参加一个测定人类对加速度的承受极限的实验。其中有一个实验项目是将 16 个火箭加速度计悬空装置在受试者上方，当时有两种方法可以将加速度计固定在支架上，而不可思议的是，竟然有人有条不紊地将 16 个加速度计全部装在错误的位置。

于是墨菲做出了一个论断，如果做某项工作有多种方法，而其中有一种方法将导致事故，那么一定会有人按这种方法去做。

这听起来有些消极，但我们可以从积极的角度来理解。有的事情越担心，越容易发生，并不会因为你担心就会出现转机，所以，靠担心解决不了的事不值得担心。遇到事情先不要急着想它的后果，而是首先考虑解决问题的方法，去思考，集中精神思考会让人平静。

很多人明白这一点，却还是忍不住担心有不好的状况发生，以至于想多了说多了，说多了错多了。如何让自己的内心生长出一种又静定又能应变的能力呢？

第一，要相信自己的力量。很多事情就是要靠自己一个人面对和解决，当你知道没有人可以依赖的时候，你就会为自己找到最好的解决方法。

小柯大学毕业后，就接管了家族企业，他的家人给他留下了一笔不小的财富，很多稳定的老客户也是他父亲多年维护的人。小柯遇到一些搞不定的事情的时候，还是会让自己的父亲出面，这样很多问题就迎刃而解。他知道自己能力不足，也时时担心将来万一没有父亲这棵大树，自己怎么把生意继续做下去。

后来发生了一些事情，父亲果然再也帮不上他什么忙了。当他发现真的没有了指望的时候，反而一瞬间站了起来，也并没有多久的纠结和不适应。有的人听到他父亲的名字愿意帮助自己，他就多提交情；有的人不喜欢被交情绑架，他就不提感情，多提具体的事情；还想发展新客户，他就把竞争对手研究透彻，积极开发业务合作。

三年没有改变的依赖，短短一个月就迅速得到了改变。这是因为当一个人意识到有的事只能靠自己的时候，自己的力量就真的强大了。

第二，要去做其他更多的事情。当你情绪消极时，必须要找到某些积极的事情来转移注意力。

我们为什么会过度担心一件事，往往是由于这件事情在自己心中太重要，辗转反侧，为了一个结果而纠结。陷入其中之后，再多人劝你看淡也很难。我的解决方式是，迅速去做很多与此无关的事情，注意力自然就得到转移。

有一年我的工作任务非常密集，老板给的每一个任务还都很重要，有时候到一个城市见到了该见的人做完该做的事情，连宾馆都不用订，直接可以想办法去另一个城市。那段我以为是很难熬的日子真正走过来之后，我才发现，那段时间我根本不知道什么是担心，因为事情太多，多到只能尽力而为地把每一件事做完，临时出现问题就临时解决。真正忙起来的人根本就没有多余的时间和心力用来担心。

第三，要在平时给自己留一些静的时刻。不要小看这样的安排，让自己短期远离压力，会让你的焦虑迅速得到缓解，而不至于天天打结，最后成为一个大麻烦。

每天至少有一个小时强迫自己远离打扰，因为事情是永远处理不完的，人的追求也是无止境的，当一个任务完成之后，你一定会产生下一个目标，不要指望某一天，一切繁忙都可以终止得到一次大的休息。所以，每一天只要彻底放松一小时，就已经拥有了张弛有度的生活，或者是一个小时去做自己喜欢的事情，或者只是一个小小的午休，甚至是一个小时不开手机，终止与外界的联系，要知道，即便像暂时停止查阅电子邮件这类简单的事情也可以缓解压力。

第三节　无声无息改造别人的感觉

约会前的秘诀

在与想见的人约会之前，每个人都会做很多的准备。例如，展现自己的优势吸引别人对自己感兴趣；如果你见到对方心情比他见到你更为迫切，你就会安排一个对他更方便的地方；你会了解对方的特点，预定不同的场合……

这一切都展示你是一个有诚意的、值得合作的人。

当对方答应见你时，已经表示对方也对你感兴趣，如何把整个过程再往前推进？这就需要你表现出你的稳定可靠，要在无形中让对方产生一种安全感。如何无声无息地让别人认为你是一个沉稳的人，做好以下三件事至关重要。

第一，临时性的见面也要提前准备好。

戴先生现在是一家知名企业的高管，但在十年前，他是靠等在人事经理的必经之路，每天塞一封信，才给学历不高的自己赢得了一次面试的机会。

这件事情听起来简单，可是说到具体操作，就有一些不为人知的细节了。在我看来前期的准备固然重要，可是在“临门一脚”上，戴先生也做到了万无一失。

当时，他的确给人事经理投递过信件，但重要的是那时项目不需要再招人，尤其是该公司对学历有硬性要求。直到有一天，一个工作人员临时出了状况不能继续工作，紧急招人的时候，人事经理就想到了戴先生，他赶忙给戴先生打了个电话，问他多长时间能来面试。戴先生一听就知道机会来了，他说：“五分钟之后，我就带着我的简历过来。”

要知道，他求职的公司在北京的北四环，而他当时租住的房子却在北京最南面的郊区。但戴先生为了这份难得的工作机会，每天都会带着自己的工作资料，在公司附近的一家图书城待着等待这个机会。果然机会来的时候，就被他迅速地抓住了！试想人事经理如果打电话给他，他说我还要两个小时才能过来，公司定然还有机会再试问别人，机会就有可能错过了。

第二，对方没来你先来。

即使为了表明自己的淡定，不那么早到，也尽量不要迟到超过十分钟，因为十分钟以内在当代社会都是默许为没有迟到的。

但是你来得太晚了，在气势上就会先输人一头。原本你明明是强势的一方，就因为迟到，你的气场变弱了，你不得不出于教养和礼节，向对方道歉。

早到是为了气场上不输阵，除了不输，还要赢得对方的信任。早到之后你通常会做什么？很多人就是百无聊赖地等待，这样在第一次见面的时候未必能给对方带来很好的印象。可是如果你利用这段时间做好一件事，就能让对方感觉到安全感。

我们通常什么时候会感觉有安全感？一定是在我们熟悉的环境面对熟悉的人的时候，可是我们约见别人的时候未必一定能在自己的“安全区”，如果约会地点在一个你第一次去的咖啡厅或者餐厅，你不妨早到后，先去卫生间整理一下自己的衣装，也了解一下整个餐厅的布置。这样对方来了之后，你就能比他更熟悉这里的环境，有需要的时候，你可以给对方指路，让他感受到你随时随地都是在一种安定自若的情绪中。

第三，见到对方的时候尽量不要两手空空。

这里并不是指一定要给对方送什么小礼物，因为当你不了解对方的时候，送的礼物有可能弄巧成拙。当然，如果你很了解对方，准备小礼物也是不错的方法，它的作用是在对方离开你之后，可以提醒对方不要忘记你提到的事情。

我在这里重点推荐大家准备的是和工作相关的文字资料，不要把对方想象得过于聪明、记忆力超群，也不要把全部希望都寄托在见面上，更不要以为靠自己的魅力就能搞定所有事情。

例如，你见到一个业务员，和他聊得再好，也不要误以为他回公司之后，会把你讲的关键点如实汇报给他的领导，你需要给对方留下充足的资料，即使有的内容你已经口头表达过了。这样，当他需要与别人谈起你的时候，不必从你们聊天的话语中再次归类整理有效信息，况且，有的信息别人其实并不方便直接追问，也需要你有文字材料的补充。

感觉对了，一切才对了

再理性的人也会被自己的感性所影响，虽然理性的人往往口头上并不承认自己的情绪，例如，“我就是不欣赏他”，这样的说法会让他们显得不严谨，他们往往会说“我不欣赏他做事不专业”。如此一来，就由对一个人的攻击变成了对某一个行为的攻击，这种做法对大部分成熟的人来说都是运用自如的。可是，不得不承认的是，这种口头表达上的“对事不对人”，在实际生活中很难做到，人们的感性往往多于理性，一个恶劣的行为基本等同于一个恶劣的人。

也许你并不是一个不专业的人，但是你给对方造成的感觉是不专业；也许你并不是一个随便的人，但是你给对方造成的感觉是很随便；也许你并不是一个消沉的人，但是你给对方造成的感觉是很萎靡……那么，无论你本身是什么样的人，你的行为都会为你定义。

要给别人营造一种对的感觉，关键在于尺度的把握。

待人和气本来是好事，可以为自己节约一些没必要的人事摩擦。可是如果一个人的态度太客气，就会显得他太假，与人的界限太清楚，不但不会让人放松，反而会让人紧张。

一个人心地善良不愿意伤害别人也是好事，会让别人愿意与他相处。可是如果他过度善良，总是被人伤害而从不反击，也会让别人感觉他太懦弱，在一些重要的事情上并不敢委托给他。

一个自信的人会赢得别人的尊重，可是如果他在任何事情上都表现出极度自信，这个人的自信就会变成一种狂妄。

举个例子来说，同学会的时候总会发现，不论大家家境如何，起点如何，每个人都经历了不同的风雨，很多事对别人是不能够倾诉的，但是对待自己的老同学，因为不存在利害关系，大家往往都会适度地聊一些人生的感悟。

这时就会发现，同情与厌恶也只有一言之隔！有的人讲自己的艰苦，会很有节制，让你觉得他只是暂时地不顺利，愿意主动给他提供一些帮助；还有人讲得苦中无望，既然他自己都对未来没有了希望，众人只能连最后的善意都无法给他。

还有的时候，一些发展好的同学会有一些独特的人生经验，简单聊几句，你就会佩服他的能力与眼光，讲多了就显得浅薄。

还要注意的是，给别人建议也要适“度”，有人在你面前抱怨日子不好过，其实他需要的仅仅是倾听，不要随意给他建议，也不要说教自己的同学，因为他们并不比你年轻，也不需要你像长辈一样去教训他。

要学会接受大部分人的生活，谁不知道要有大规划，不要赚小钱，可是他上有老下有小，怎么能让他长期没有收入；谁不知道有钱不只存银行一条路，还可以去投资，可是他月薪两千元，无财可理，你何必在他面前喋喋不休地谈论理财的好处；谁不知道一个聪明的人可以去做些小生意，可以比普通的上班族多赚钱，可是他仅仅只有聪明，社会经验和人情资源从无积累，白手起家又谈何容易？

别随便给你的同学建议，除非你确信在后期也可以给对方提供帮助，否则，你喊完口号走了，别人如何看待他的人生？想营造对的感觉，就是要明白，对方不需要答案，只要你的理解。

别让自己与环境拧着来

我们可以对自己有所要求，但是尽量不要给别人设定一个很高的要求。可以要求自己境界高、追求高，却不能要求周围人全都一样。你也可以通过各种方法改变自己，但不要试图改造所有人的世界观。

有一次，我和几个朋友去一个女性朋友家做客，她和她的老公在当地做品牌服装生意，做得很红火。一进门，我的助理就赞叹这位女主人的品位，家装的整体感觉非常考究。偶尔有几件陈列的物品引起我们的好奇，她就会解释某一件是如何在意大利买到的，当时买这件物品发生了什么样的故事。提到她这间别墅的设计，她更是从容自信地讲到当时怎么把花园设计好，怎么设计整个房间的动线，怎么邀请海归的室内设计师，怎么请到当地最有名的品牌家装来装修，等等。

吃饭离开，坐在车上的时候，我的助理还在感慨，怪不得这位女主人能把当地的那个服装品牌做得如此有声有色，这得益于她良好的家庭氛围和见过的大世面才培养出来的品位。

另一个朋友就接着聊："有品位才能创造财富，尤其在服装业。这个人一定是家庭出身特别好，父母从小也带她见识了很多，才能有这么好的品位……"

当晚，我就觉得这位女士的确有她的过人之处，我并没有告诉车上那两个聊天的人，服装行业有它的艰难，库存量大，她因为周转不灵有很大一笔欠款。毕竟她表现出来的从容已经让人感受不到这种压力，这也是一种修行。我也了解她的成长环境，她的父亲就是做装修的，收入并不高，但她的家却肯花重金另请他人来装修，实现她想要的居住环境。

她没有说一句谎话，却给你营造了极好的印象。她不会因为一大笔欠款，让你感觉她是个失败者，不敢接近她；也不会因为要省钱，让自己的父亲来装修房子，导致聊起家装的某一个瞬间暴露自己的家境。毕竟，生意场上没必要让别人全然了解自己，别人知道她越多，就越容易掌握她的想法，也就越容易看轻她。

第四节　把自己变成专家

塑造你的背景

在很多年前名片并不流行的时候，印名片的通常是某个企业的负责人或者跑业务的工作人员。

我也一直觉得没必要弄这些花哨的设计，可是在一件小事发生后，我意识到了名片的重要性。

当时我和我的领导参加一个会议，会议结束后，有很多人会交换一下名片，我记得有一位气质很好的中年女士给了我领导一张名片，名片的介绍里赫然写着她是唯一精通某一项手艺的人。我和领导相视一笑，并没有放在心上。

正常情况下，我们是不会保管这种和我们的工作毫无关联的人的名片，可是当时这位女士的名片上做了一个独特的设计，这张名片就没有被随手丢弃。

直到有一天，一位客户的母亲马上就要过生日，他询问我的领导是否有一些当地的特色礼物给推荐一下。

这位客户是位华侨，品位十分高，他对我们也很重要。我们想到了当地的很多特产，但是都不值得给这位华侨推荐，而还有一些工艺品，虽然有特色，却需要时间去准备。

这时，我突然想到了留名片的那位女士。她既然敢说是唯一精通某一项手艺的人，就不妨了解一下。果然，再次联系到她的时候，的确被她的讲述打动了。她做的礼物曾被很多人带给国外的游子，十分契合我们的需求。因为时隔多年，我依稀记得她当时手工做的礼品就是把“寿”字的大概百种写法，用一种特殊的刺绣方法做成礼物。

就是这件礼物，让客户非常满意，也让领导很有面子。他还和这位女士成了朋友，有赠送需要的时候常常从她那里定制。

后来我发现，这并不是一种多么了不得的手艺，有不少人都能做出这样的礼品，只是感觉没有这位女士做得那么细致虔诚。而其他那些人，也都没有名片，她的这张名片为她揽到了最大的生意，也成就了她人生的第一桶金。

这件偶然发生的事情，给了当时年轻的我很大的触动。我才意识到，一个人塑造自己的背景是那么重要：每一个人都该有自己的专业，每一个专业的人都要有自己的名片，每一个人也要敢于在名片上塑造对于自己所从事的工作的热诚和自信。而这种态度也的确会帮对方坚定要和你合作的信心，确保你的出品在别人心中与众不同。你自己也会因为这样的承诺，把手头的事情做得越来越好。

笑是对专业感的消磨

多年前我去拜访一位名人，有个合作必须和她面谈数次。她的时间安排得非常满，但还是特意抽出时间见我。

周一见她的时候，她的秘书对我的态度得体，安排的事务也很周到。

周三见她的时候，秘书的态度就没有那么好了，让我等的时间很久，也没像第一次那么殷勤地解释和通报情况。

态度变化之明显，让我无法察觉不到。后来我想了一下，秘书一般都会揣摩他的领导的意思，可是他的领导对我态度越来越好，秘书怎么反而越来越差呢？

当时我很年轻，所以对同一个人态度的变化很费解。猛然想起，第一天拜访的时候，因为是临时约见，前一晚我就通宵为对方做了一份资料，第二天我去的时候难免没那么有精神。因为她的秘书是个年轻人，就没有格外注意自己的态度，当她的秘书一脸歉意地通知我可以见面的时候，我点点头，基本上是面无表情地回应了他的歉意。我离开的时候，秘书亲自把我送到大门口，还表达了他的歉意。

第二次见面的时候，我的精神状态非常饱满，而且照着当时对“礼仪”的理解，见到这位秘书，马上露出了八颗牙齿的笑容。可是这一次，这位秘书让我等了太久，通知我的时候还没有歉意，我离开的时候他更是没有出门送我。

猛然间我才发现——笑原来是一种低姿态的表现！当我们主动对别人笑的时候，是一种不自觉的示弱，也把自己放到了一个低的姿态中，这种低姿态无所谓好坏，要看对面的人是谁。

对于一个名人的秘书来说，每天接待那么多人，他无法记清每个人具体都是干什么的，他只能凭感觉来判断对方的身份、地位、气势。然后再根据感性判断来决定如何接待对方。我因为第一天的精神不振没有给他一个笑脸，他感觉我并不是有求于人，而对我态度小心翼翼。第二天因为我一见面就露出笑脸，他反而觉得我一定是有所图而来，既然如此，也就没必要去催促他的老板，我就越等越久。

后来，我立即把自己所想的问题付诸行动去验证，果然，笑容越来越少，人就会显得越来越专业——所有专业的人投入到自己专注的事情的时候，眼神都是专注的，手上也不会有多余的动作，脸上更不会有多余的表情，例如绝对不会笑，或者惦记着与别人示好。这些没有人教的“礼仪”，往往比露出八颗牙齿对某些人更管用。

接纳别人的赞美

我们塑造自己的专业身份，并且要敢于承认自己是某方面的“专家”。

我接触了很多很棒的人，但很多人都不敢用专家的身份定位自己，他们隐隐觉得这是在夸大自己。其实，承认自己在某个专业里的研究和成果，并不是自吹自擂，而是给雇用你的人应该给的信心。

此外，接纳别人的赞美也是把别人置于安全的位置。小东是个非常能干的小伙子，有一次，他的领导带他出去参加业内同行的聚会。他的领导见到了一个朋友，立即眼睛发亮，带着小东过去攀谈，领导表扬小东“这个小伙子不错，客户交给他，没有搞不定的”，小东赶紧说“没有，没有，我没那么厉害……”领导的脸色立即就沉了下来。

回公司的路上，小东看到领导铁青着脸，一言不发，也就没敢多说话。

第二天上班，小东还是鼓足勇气去与领导沟通，问自己是不是做错了事。领导叹口气说："我就是在等你，要是你不主动来找我，我就不会再多说。昨天见的人我听说他要转行，但是他手里有不少宝贵的客户资源，我本来想建立一种联系，你应该表现得自己是个行家，然后我再暗示一下对方，可是你表现得太不自信了。记住，在关键时刻不能谦虚。"

小东这才意识到，由于他不正确的接话，当时就让领导的话掉在了地上，也让领导的面子掉在了地上，更让领导的计划无形中落空了。他感叹当时如果能够表现得更从容一些，不但别人会对自己刮目相看，还有可能有新的合作机会。

用商业社会中产品营销的思路来看这个问题也好理解。某款电脑配件产品总在网络节目上投入广告，这似乎是违背常理的，因为这个产品的销售对象不是大众，而是电脑厂商。大部分人只会关注电脑品牌，可是这个产品的战略就是通过征服普通人再征服目标客户，当普通人认可这个产品，觉得只有用到这个配件的电脑才是好电脑的时候，电脑厂商就不得不使用这个产品。

把这个道理移到我们的自我包装中，就是要在任何时候，都记住要为自己"长面子"，这是因为用你的人也需要"你的面子”。想想看，你给自己设计成一个专业的身份，当你的客户向别人介绍他的合作伙伴（也就是你）的时候，也会有信心和骄傲的感觉。反之，你不会为对方增光，就有可能无法成为对方的首选对象。

第五节　让气场强大而不是强势

走过多少路，未来就有多少路

有的人能让你感受到他强大的气场，却又不会让你觉得他高傲和冷漠。他们是如何做到的？这得益于他过往走过的路，人生丰富的阅历帮他沉淀了一种“高人一等”的气质，同时，他借助他的和气和淡定，又让你感觉到亲切。

无论一个人多么会包装和隐藏，有一点是藏不住的，那就是他过往经历了多少故事。

同样是失败，但是对两种人的意义完全不同。

对于一个人生经验缺乏的人来说，很小的失败都会在他心中显得很重。很多写字楼的白领看起来自信满满，干练得意，内心却不一定像外表那样自信。例如，有的人大学刚毕业直接进入一个公司，在同一个岗位工作很久，岗位本身又是很安逸的，他接触的人也是非常有限的，这个人的内心往往是脆弱的，一次失业就很容易把他打垮。

对于一个曾在生活中失败过再振作起来的人来说，再大的失败他都能承受得住。这样的人会格外珍惜生活中的每一次机会，也敢于创造每一次机会。从这个角度来看，失败有时候真的不全是坏事。

气势不是演出来的，是由内而外的一种气质。

小李名校毕业后就进入一家公司工作，他工作勤恳，可是一个偶然的机会，让他得知邻座的同事老王的收入比他高很多。小李心里立即不平衡了，他不明白像老王那种学历不高，从不加班，也不早到的员工为什么能得到高工资。后来他了解到，老王之前也开过公司，因为运营出了问题就来到这家公司工作，这更让小李不以为然，为什么要容许一个失败的人在这么重要的公司混日子？

后来发生了一件事情，让小李再也不敢这么思考问题了。有一次一个同事工作失误，给客户造成了不小的损失，客户大发雷霆，而且还表示要起诉公司。小李的领导也没有遇到过这样的阵势，于是就让老王去客户公司看看怎么回事。当天中午 12 点老王出发去了对方公司，下午 2 点回来，所有事情全部解决，而且比预计要赔偿给客户的钱少了一半，客户还变得完全没有脾气。

这个例子提醒我们，年轻的时候不要怕麻烦，也不要在失败中停顿太久。要相信，每一个事情都可以从正面的角度来看待。

坚持值得你坚持的事

生活中有的人坚持的东西毫无意义，例如，坚持认为某个球星就是比另一个更厉害，为此不惜和周围人产生争论，这些争论本质上都是一种“争强好胜”的心态在作怪。

而在关键事情上，你如果能够坚持自己的原则，别人就会对你产生敬佩之情。

当然，这也不是说空话就能做到的，还是需要在事情上展示你强大的内心。如果你是一个领导，能在关键时刻保住自己犯错的下属，并能承担起这份责任，你就会散发出一种领导的力量。

如果你是一个普通的员工，也千万不要妄自菲薄，觉得自己在公司中一定无法建立一种自信。一些很简单的事情，如果你坚持下来了，一些很小的细节，如果你注意到了，结果都会不一样。

很多年前，我没有多少工作经验，可是我的领导执意让我做他的助理，就是因为在一次闲聊的时候，一件不经意的小事打动了他。

当时是一个冬天，我的一个同事小林提议所有人攒假期，攒工资，一起去南方旅游。因为当时工作不太忙，同事之间的关系也都很好，大家就约在一个周六的早晨集体出发。

到了早晨，我们约好的车来了，可是有一个同事小黄还没有来。天气特别冷，有几个同事下车抽烟后，就不免有些抱怨，说："我的烟都抽完了，怎么小黄还没来？"

小林就说："小黄怎么还没来？这要是过年发年货，估计他早就跑来了。"

有同事接着说："可不是吗，要是发年终奖，这家伙也早就过来了。"

还有个同事赌气说："他是不是不愿意一起旅游，咱们还需要浪费时间等他吗？"

当时的气氛非常不好。

小黄是我们中唯一一个外地同事，家里的经济状况也很不好，他很想在我们单位扎稳脚跟，所以在工作中付出的比所有人都多。但只是在我们凑份子吃饭的时候，他总是有借口不参加，因为他惦记自己的老家，总是一发工资就到邮局汇给父母。

想到他用的床单还是他上大学时的，我心里一酸，就说了一句："小黄没来，咱们再耐心等等吧，他要是不想来就会直接说的，应该是有什么事绊住了。"

有同事就说："是呀，他住的地方太远，咱们再等等。"

接下来，大家也附和着说了几句担心他的话。

果然，小黄还是来了，他平时都是骑自行车，这次想步行过来，半路一看时间来不及，就跑着过来了。

大家看到他在大冬天那一脑门的汗，都很感动，再也没人提他迟到的事，上车后，大家有说有笑，开启了美好的旅程。

也就是因为这件事，我的领导对我很赞许，而且讲了一个让我终生受益的道理——正面积极地看待你的同事，是协调同事关系中最重要的事。

所以，我们坚持说值得自己坚持的话，我们坚持做值得我们坚持的事，前方的路就会变得不一样，自己的气势也会改变。不要觉得在一个有负面情绪的氛围中显得自己很正直会不好意思，试想，你自己都不把自己当作一个正直的人，觉得这种坚持没有意义，别人怎么会尊重你？

有了认同才有答案

一个气场强大的人未必要在任何事情上都占上风，或者表现得伶牙俐齿，让别人哑口无言。

公司在开会时，尤其是新方案征求意见的时候，我们会很明显地发现，领导似乎早有定见，但他还是会征求一下大家的想法。

当大家对方案提出质疑的时候，领导所采用的方法一般都是先认同你提出意见的合理性，然后再补充他的意见，不会让你难堪，而是让你心悦诚服地接受。

很多事情都是没有标准答案的，有了对方的认同，你的答案就是对的，反之，如果得不到别人的认同，你再强势也不会得到想要的效果。

小薇是个活泼的女孩，可是刚进入工作一个月就让大家很头疼。她总是喜欢大声说话，有时候别人提醒她，她还会说："我不习惯遮遮掩掩。"尤其当别人出现了小失误的时候，她也会大声说："你又把数据搞错了！"令对方很尴尬。

有一天，同事们晚上聚会玩到很晚，第二天上班只有她一个人早早来到办公室，于是，每个人进来，小薇都会说一句："你今天上班迟到了哦！"

小薇看似每句话说的都是真话，不论别人如何排斥她，或者与她争吵，她总是振振有词，觉得"自己身上最宝贵的真实不能被磨灭"。终于有一天，连小薇的领导都受不了她的这份"真实"了，严厉批评了她。

小薇很苦恼，就约了自己在大学里最佩服的师姐聊天。师姐说：“小薇，你带着学校里的年轻和活力进入公司是件好事，如果能再多熟悉一下公司里的规则就好了。”

小薇一听师姐表扬自己还是很开心，于是就说：“可是我觉得做一个真实的人也很好呀！”

师姐接着说：“你的真实很宝贵，可我相信你能做得更好，你要比大学时期给自己更高的要求。想想看，怎么能做到既真实，又不伤人，这样也是一种进步呀。”

小薇觉得师姐非常懂自己，也愿意尝试自己能不能做得更好，现在的她，依然很真实，而且最可贵的是，没有了那些“多余的真实”。

第六节　简单不等于失礼

情境不同，对错不同

很多年轻人都喜欢一种简单的生活方式，其实即使是在社会中摸爬滚打了很多年的人，也同样如此。并不是成熟就一定复杂，而且最好的成熟也是回归到简单，把简单的功用发挥到最大。

可怕的是，有时候，人们误解了简单，把失礼当作简单。

大学毕业的小林，通过偶然的机会认识了王先生。因为小林学的专业与王先生从事的行业相关，于是小林想请王先生吃饭，聊聊工作和业内的事情，长长见识。

吃饭很愉快，王先生也很有风度，坚持要自己付账，毕竟小林还没有参加工作，没有收入。

但是在小林的一再坚持下，账单还是由他来付。

付账的时候，小林开始查看账单，一一查对菜名、金额，王先生觉得没有什么不妥，只是感觉小林是个很注重细节的人。

可是接下来就不妙了，小林发现有道菜因为忌口而退掉了，但是账单上依然有，于是就和服务员理论了起来。

服务员开始查对，因为餐厅管理不太完善，并没有查对出结果。小林很生气，开始指责餐厅的管理，也开始指责服务人员，要求饭店给个说法。

此时，王先生已经很不愉快了，可是小林还在纠缠……最终，王先生保持了客气的态度，与小林一起解决了这件事情。

但是以后小林约王先生，王先生再也没和他一起吃过饭。

这个案例看似简单，然而细想却有着很深的意味：事情没有完全的对错，某些看起来很对的事情，换个场合，换个对象，换个情境，就是错的。

我们把握交往中的度是很重要的，说话做事不要过于执着自我，单纯不等于可以失礼。小林核对账单是合理的，但是不顾其他人的感受，一味纠结就是失礼，也容易因小失大，让王先生感觉他是一个得理不饶人的人。遇到这种情况，小林可以向饭店表明态度，等送走王先生之后再来单独理论。

站在对方的角度看礼节

有个很有意思的现象是，一个人在他小时候表达出来的各种礼节，他自己会非常自然，后来随着年龄的增长，当他再去表达这种礼貌的态度的时候，常常会觉得不能随意表达出这样的礼貌，以免让自己显得弱势。

这当然是一种偏见，礼节在人际交往中绝对不会让你变得弱势，一定是你的加分项，因为一个人幼时习得的礼节与一个人进入社会后要表示的礼节，天然就有很多的不同，小时候更多的是一种行为模式。进入社会后的礼节，已不再是僵硬的教条，而是存在于鲜活的人与人的互动中。每个人都希望行走在社会上，被别人以礼相待，这也自然需要自己对他人以礼相待。

你是否礼貌地接待过别人？其实判断的标准并不难，有时候，你换个位置，站在对方的角度看礼节，就会发现对方真正需要的是什么。

例如，每个人都希望自己是特别的，能被别人记住；每个企业也是如此，也希望每个应聘者都是为自己而来。

现在大部分人都是在网上投简历，而且投简历的时候为了图方便，都会群发。我们暂且不提群发是不是一个好的投简历的方式，先思考一下如果你的简历被某个公司看中，你该如何回应对方的面试邀请呢？

我有个做HR的朋友，有一次感慨现在的应聘者不太有礼貌，有时候给一些投过简历的人打电话，往往会听到对方说：“我投简历的公司太多了，你是哪一家？”也许应聘者并没有无礼的意图，但是这样的话会令对方感觉不舒服，会让人觉得应聘者不够职业化，也不够重视此次应聘。

其实即使是群发简历，忘记了对方是哪家公司，也不是没有办法化解，只要保持礼貌的态度，就可以做一个职业人的礼貌的沟通。首先可以感谢对方给自己面试的机会，然后可以冷静地询问对方要求的面试地点和时间，认真记下来，挂电话之前再和对方核实一遍。然后就可以通过了解面试地点，判断出对方是哪一家公司，而且去之前一定要把路线安排好，切忌面试迟到。除了招聘，日常生活中与他人的交往也是如此，尽量让对方感觉到自己被重视。

提到让对方感觉被重视，在这里提醒一个容易使人失礼的细节，它隐藏在日常交往中，让人们不知不觉就损伤了自己的形象。

在人际交往中，我们不可避免地要互相聊一些个人生活的话题。大部分情况下，我们都会注意不要直接打探对方的收入，也不要过于直接地询问对方的婚姻状况。此外，话题还是比较开放的，例如，和对方聊一聊各地的风俗、见闻趣事，再稍微让话题深入一些会聊到家庭趣事。

请注意聊到家庭趣事的时候，此时尤其要把握尺度。因为大部分情况下，每个人都很看重自己的家庭生活和家人，可以聊的内容也非常多。当聊起这个话题的时候，往往会收不住。例如，很多严肃的男人聊起自己的孩子的时候，容易兴高采烈；还有一些平时很有专业范儿的女士聊起婆媳关系的时候，也容易滔滔不绝。

这时就需要从礼节上提醒自己适可而止，不要过度表达，因为你面对的人，他也许只了解你和那些与你俩共同有关系的人，他不在乎你的孩子有多可爱，更不关心你的家庭生活中还有哪些问题。因为即使家庭中存在一些问题，那一定不是对方造成的，你过度地倾诉，只能意味着你用自己的问题来惩罚一个与此毫无关系的人。想想看，这有多失礼？

当然，家庭话题并非完全不能聊，因为分享家庭话题的时候，会将两个人关系拉近。只是要注意从对方的反应中，把握好“度”。

礼节要周全

很多人看似做事很有礼貌，却往往没有达到效果。

有时候不得不承认，用简单的心态简单地生活是一种好的态度，但是过度单纯的人，很难成事。

一次，有人邀请参加一个活动，活动本身很有意思，也很有意义。

我收到了活动组织者发来的邮件，没想到的是，打开邮箱，竟然出现了三封邮件，每一封邮件的标题都写着“对不起，请以此邮件为准”。

显然，这是个工作不久的新手在负责发邮件。

虽然邮件的主题很有礼貌地说了“对不起”，大家通常能够判断出，邮件可以以最后一封为准。可是这么多封邮件，传达出来的气息是不够专业化，细微的错误也会影响一个人对这个活动的信任度。

这也提醒我们，人们在初次交往和相处的时候，当然不可能建立起坚固的信任，因为缺乏基础。人们有时候不得不从一些细微的地方来观察和判断别人，其中自然有一定的盲目性，大部分也是无可奈何。

很不专业的三封邮件，自然让人有理由去揣测活动的安排能否顺利和到位。

除了留意此类细节之外，还要从细节上留意对一些非直接关系人的态度。例如，在与一些大忙人的交往中，要充分尊重对方的助理。因为没有哪个岗位是虚设的，对方事务繁忙，他们的助理必然会承担很重要的工作。

说话做事的时候，也要为具体执行工作的助理着想，不到紧急时刻，尽量不要在非工作时间内拜托对方安排一些事情。

例如，如果你在某个活动中遇到了某位重要人物，你拜托他一件事情，如果不是特别紧急的事情，可以请他给出具体负责人的联系电话，再去沟通一个合理的办业务的时间。

不要因为与大人物的关系，把麻烦转移给他的助理或者下属。大人物答应了一件事，如果你立即要求他的助理或者下属帮你去做，对方多半不会怪自己的老板，而会觉得你是个给自己添麻烦的人。

所以，当你临时有急事，让别人的下属为你延迟下班的时候，一定要表示歉意。有时候你甚至要为对方的助理准备个小礼物。这样，就算重要人物忘记了你的事，可是他的助理因为受到了你的礼遇，还有可能提醒他。

有求于人的时候，不要忘记对离对方距离近的人保持礼貌，你会在不知不觉中因此受益。

第七节　把彼此放到快乐的生活里

换个角度看风景

有这样一个故事：两个观光团到日本伊豆半岛旅游，路况很坏，到处都是坑洼。其中一位导游连声对游客说抱歉。而另一个导游却诗意盎然地对游客说，诸位朋友，我们现在走的这条道路，正是赫赫有名的伊豆迷人酒窝大道。

同一件事情，你能找到多少个角度，就能找到多少个朋友。

王经理是个非常有魅力的老板，每个下属都愿意和他交流。

有一次，小李气冲冲地回公司，向王经理抱怨："再也不和那个李总一起出去了，他简直就是睁着眼睛说瞎话。今天吃饭的时候，他喝多了，为了显示自己财大气粗，就说自己做生意大气，还指着我说，和我们公司合作，他从来没让我们公司吃过亏，合作十多年，他从来没有在价格上占过我们的便宜。好像显得我们多没有人情味似的，上次发货我还给他按照低折扣，他怎么可以用我们来衬托他的高大呢？”

听到小李愤怒的话，王经理一笑，说：“你当时揭穿他了吗？”

小李说：“忍住了，我也没说什么。”

王经理接着说：“做得好，不要揭穿他。你换个角度来看，这是一件好事，他告诉别人我们没有给他优惠，也会让别人明白，我们的产品质量够硬，十多年的合作伙伴都没有优惠，只能证明我们童叟无欺。再者，这样的话传到其他客户那里，你想想其他人会怎么想，他们纵然觉得我们没有人情味，可还是高兴自己没有吃亏。我倒觉得这比他喝醉了说我们给他的价格多优惠要好得多。”

听完王经理的话，小李的心情顿时豁然开朗。

我们在生活中，有很多事情也不妨换个角度来解释，心情就会不同，那些制约你的东西也是保护你的东西，那些你不喜欢的东西也许正是对你有益的东西。

以愉快的心态拒绝别人

小苏从事着一份很稳定的工作，他的领导很看好他。

可是让他感到苦恼的是，他的领导竟然主动给他安排相亲。

小苏很恼火，觉得自己工作是工作，生活是生活，为什么在生活中要接受领导的安排。

一气之下，他就打电话给自己的大哥抱怨，大哥听后却哈哈大笑，说："看来你的领导是非常看好你！你应该感到高兴，安排相亲你就去，不满意就拒绝。这没有什么难为情的。"

小苏说："你说得容易，我不同意。我们的领导又是个要面子的人，他最受不了别人拒绝他，到最后又会让我很被动。"

大哥说："这件事情你可以拒绝，可要看你怎么拒绝。你要从根本上觉得你领导是善意的安排，你拒绝的时候就会带着感谢的心，但是如果你觉得他存心给你找麻烦，你拒绝的时候就会流露出一种不满的情绪。他会感受到。"

小苏说："领导在工作中对我照顾很多，我也没有得罪他，他不可能是存心找麻烦，还是想帮我。"

大哥说："那你拒绝的时候就用一种愉快的情绪来和你的领导解释，即使相亲不成功，你也要表现出，结识到一个有意思的朋友也很有意义，而不是一脸郁闷地仿佛你被'包办了婚姻'的那种抵触和沮丧。"

果然，相亲没有成功，但是小苏和领导的关系也并没有恶化，他由衷的感谢和解释反而得到了领导的肯定。

愉快比苦情令人踏实

很多人邀请其他人参加聚会的时候，往往不知道怎么邀请。

如果是熟人之间邀请，说“我很需要你”，不如说“你来，我会非常开心”，给对方的感受更好。

如果是商业活动的邀请，保持对对方的敬重是邀请对方前来的重要条件。

老陈是一个很有口碑的企业人，常常有人邀请他参加活动，开始的时候，他很有兴趣，后来因为时间的忙碌，老陈对聚会的要求也不得不功利化。如果某一个活动中，有分量和他同样重的人，他就参加，如果同时出现的人都是一些后辈，他就能免则免。

有一天，年轻人小怡邀请他参加一个交流会。

老陈本来想不去，可是小怡表达的敬重让他没有马上拒绝，于是他就问了小怡同时参加的还有谁，小怡表示还邀请了几位老陈的朋友。

老陈一想，就当是老友交流，于是就答应了。

可是去的当天，老陈发现，和自己同岁数的企业家一个也没有来，只有自己来了。

小怡接待老陈，非但没有沮丧地告诉老陈其他人没来，反而非常愉快地感谢老陈准时来参加这个交流会，说这些年轻的创业者最期待老陈的指导！

看到小怡开心的状态，老陈“被欺骗”的感觉就没那么严重了。但是他还是有点想找个借口离开。

就在这时，老陈发现，其他人的位置上全部都是白水，只有自己的座位上小怡早已经沏好了铁观音。

顿时老陈的心中一动，就耐心地坐了下来，陪着年轻人度过了一个下午，还热情地给几个年轻的创业者提供了非常有用的建议，活动办得非常圆满。

离开的时候，小怡恭恭敬敬地送老陈直到电梯，并且表示最近办的交流会这次的效果最棒，一切都要感谢主讲人帮助年轻创业者的热忱。

怎样点燃一个原来很“冷”的人，把他的热情一点点激发出来，做好每一个细节，让对方处在愉快的氛围中才是前提。

第八节　蹲下去，才能跳起来

处于逆势时需助势

我常常提醒年轻人要注重自身的发展，只有自身发展好了，好运气才会眷顾你。于是，很多年轻人就常常问我另一个问题，是不是当自己还是“小白”（一穷二白无资源）的时候，只要闷头做自己的事即可，不必思考人际关系这件事。

我在此提醒，这同样是一个误区。

正如一个人的写作情况，写作需要阅历与经历，但是不是一定要等到80岁的时候，阅历丰富了，才开始动笔写第一个字呢？那时候你也许有经历了，却因为缺乏文字的锻炼而丧失了写作的能力。

交际能力也是需要培养的。不要认为自己人微言轻，也不要在自己力量薄弱的时候就轻视自己能够做到的事情。

讲我个人的一个例子：多年前，我关注到一位培训界的老师，他当时上课的费用还不太高，名气也没有现在这么大。那时，我认认真真看过他的书，在书的空白处写出了自己的想法和疑问，并把书送给了老师。虽然当时我的想法不成熟，很多地方也写得不太准确，但他很感动有人这么认真看他的书，于是和我取得了不错的联系。

之后，由于工作要求，我需要联系到一些企业家。盘点了自己的资源后，我发现最能快速找到这批人的便是这位老师。当时的我知道不能随意开口，因为这位老师一直有惠于我，而我却总也无以为报。

巧的是，第二天老师联系了我，原来他又有课，邀请我去。我当时脱口而出："我一定过去，并且这次我想过去为您做个简短的读书会。"

第二天的课程结束后，我为老师主持了一个读书会，很简单，大概就是介绍一下自己，顺便说了一下自己读老师的书如何受益，最后一个环节是现场帮老师卖一部分签名书。

那一天，我无法形容自己有多兴奋，因为每次有人从我这里买书的时候，我都会与他交换名片。那十几张名片中，我至少可以联系到两位对我非常有价值的人。

短短的十五分钟，老师没有反感我的行为，因为我现身说法替他宣传了他的书，而他的学生资源也借助这个机会成为我的资源。

尽管我出现在大家面前的时候，并没有显赫的背景，只是一名普通的学习者，但那有什么关系呢？我得到了后续发展的机会。

有时候，我常常想起这个例子，如果我贸然分发名片，这就是一种冒犯，老师也未必满意我借助他的培训课去满足个人目的，而这样的安排实在是双赢。

当你不够高的时候，先蹲下来，寻找你能找到的人，用一种低调的姿态进入你要去的地方，然后用时间发酵你未来的成就。

低头之时也豁达

很多人在低头的时候，容易变得敏感、紧张，虽然很努力，很上进，但如果处在这样的状态中，就没有享受奋斗的过程本身，会变得很辛苦。整个人也会传达出一种“辛苦”的状态，令人敬而远之。

小乐是个很努力的年轻人，大家都能够感受到这个年轻人身上的志气和抱负，可他的气质总让人感觉到哪里有点不太对劲。偶尔的一次接触，我才发现，他身上的“不平之气”正是让人不太想走近的重要原因。

有一次，他送一些资料给我，我们约在楼下一家咖啡厅见面。我快进门的时候，发现他和服务生发生了轻微的争执，看情况大概是订座有一些小问题。

我坐下后，他把资料给我的时候，还是愤愤不平，说了几句："有些人就是门缝里看人，如果我今天是开着奔驰来的，他就不敢这么对我说话。"

我突然就替这个年轻人找到了他心灵深处制约自己的一个大问题，他的问题不是遇到谁，而是他如何看待他人对自己的态度。

服务生其实不太知道，也并不会关注谁是开奔驰来的，谁是挤地铁来的，因为这和他的工作没有太大关系。他态度的不礼貌可能由于自己心情不好，也可能因为他原本说话的态度就是如此，更有可能是小乐的焦灼态度通过语气传导给了他，我们猜不到产生问题的原因是什么。

出现问题是正常的，如何看待问题才是一个大问题。小乐以为自己坐地铁来的，受到不礼遇的对待，那是不是意味着，任何人对他的不友善，他都要归结为自己缺乏一辆奔驰车？这样认为，带来的结果有可能是，他认为自己被不友好地对待是应该的，一切都在他有了奔驰车之后，会在一夜之间全部改变。

不改变这种拧巴的状态，将来他拥有再多，也还是得不到自己想要的一切。

低头的时候，不要太敏感，以为自己因为所谓“不发达”，别人就对自己有意无意地轻视。举个简单的例子，本来别人无意碰了你一下，你笑一笑过去，对彼此都好。但万一你觉得他是有意为之，你再回一拳，这一拳里蕴含着你的愤怒就会力量大了很多，从而小事变大，不好收拾。

要学会把自己放在一个公正的位置上，从旁观者的角度看自己，享受奋斗的过程。奋斗是为了成长自己，不是为了将来买了什么昂贵的东西，而带来全面生活的改变。这个世界上一夜暴富的故事并不多，别为难自己，也别等有钱了，再去修炼心性。

一个豁达的人，心神安定，眼神中都有力量；一个拧巴的人，纵然花很多的钱，也难买别人真正的敬服。

处在低谷时，珍惜自己的声誉

人生高低起伏，谁不曾在低谷待过。

每当我看到有人在低谷，肆意糟蹋自己声誉的时候，我都会提醒他们，不要随意看轻自己的未来，如果有一天，也有人把你此刻说过的，做过的，拿出来，登在报纸上，你是否会愿意？

讲一个故事，一个同学在深夜打来电话，说起一件对他很重要的事情。听他的声音，一改平时的低沉，声音中透着隐隐的烦躁，说有人要爆料他的一些事情。

同学在当地还是有一些名气的，虽然爆料的事情并不是什么违法犯罪的事情，但是谁的人生不曾有一些不想被曝光的事情呢？一些私人的事情曝出来之后，对于他的形象绝对是大大的减分，还会对一些他在乎的人产生伤害。

想了一些方法之后，这件事终于妥善解决了。

同学的经历我清楚，他是贫苦出身，一路走得也不容易，当时的他经受了太多的打击，人也一度很颓废。要知道，一个人被打击太多次之后，就不太容易相信自己日后会功成名就。那时候的他为了生存下去，做过一些不太光彩的事情。做这些事情的时候，他觉得自己这辈子能摆脱经济上的问题就不错了。万万没有料到，有一天，自己能够站起来，风光无限。

但有些错事做了之后就无法再去改变了，每个人做过的事情是不能随意被抹掉的。正如，很多艺人想撕毁自己曾经的照片，有的大明星想毁掉以前的电影，还有的作家想毁掉自己以前写的书……他们中有的人并不是因为过往的碎片不光彩，例如，有的艺人不想让别人看到以前的影像，只是因为那些与现在苦心打造的荧幕形象太不统一，这甚至会让他们苦恼。

所以，当一个人处于低谷的时候，一定别以为自己永远起不来，这样就不会轻易做一些糟蹋声誉，日后给自己找麻烦的事情。有一句话叫“凡走过的，必留下痕迹”，不善待当下，就是不善待自己的未来。